Digital Circuits

ディジタル電子回路

大類重範 [著]

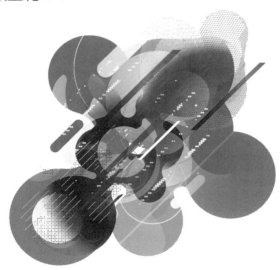

Ohmsha

まえがき

　真空管やリレー，あるいは初期の頃のトランジスタを駆使した論理回路や
フリップ・フロップ，カウンタなどの回路構成は，1960 年〜 70 年にかけて
TI（テキサス・インスツルメンツ）社から発表された 74 シリーズ TTL–IC
の出現により様子が一変してしまった．

　これまでの真空管やリレー，トランジスタの用途は衰退の一途をたどり，
その後 TTL–IC は改良を重ねてショットキーダイオードを用いた高速・低
消費電力形の LS–TTL は最初の標準 TTL を凌いで多用され，さらに改良
されて 74 シリーズとピン互換で C–MOS を基調とした 74HC ファミリが広
く普及し，今日では LS–TTL に取って代わるようになった．

　このようなディジタル IC の変貌と，情報化社会の急激な進展に伴って，
ディジタル回路に習熟した回路設計の技術者が益々要望されるようになった．

　本書ディジタル電子回路は著者の講義経験をもとに，ディジタル回路を学
ぼうとしている工業高専，専門学校，大学の電気系・機械系の学生，あるい
は企業の初級・現場技術者を対象にして，できるだけ平易に図表を多く用い
てディジタル回路の基礎を解説した．

　第 1 章では，アナログ信号からディジタル信号への変換過程，簡単な電気
回路と 2 進数の関係，トランジスタのスイッチング作用と NOT 回路（イン
バータ）について解説した．

　第 2 章では，2 進数を中心にした数体系，2 進数の四則演算と負数表現，
補数を用いた減算，BCD コードとその加算演算およびグレイコードと 2 進
数との関連について解説した．

　第 3 章は論理回路の学習に欠かせない重要な内容で，基本論理回路をはじ
めとして正論理と負論理，論理代数（ブール代数）とその基本定理，真理値
表をもとにした論理式の標準展開，論理公式およびカルノー図を用いた論理

式の簡単化について解説した.

第4章では，ディジタル IC の種類と動作特性，特に 74LS ファミリと 74HC ファミリの回路構成と電気的な動作特性の比較対照に重点をおいて解説した.

第5章では，エンコーダとデコーダおよびマルチプレクサとデマルチプレクサに代表される複合論理ゲートとその IC，7 セグメントデコーダと表示回路について解説した.

第6章では，演算回路で最も多用されている加算器とその IC，加減算回路，BCD コードの加算回路，乗算・除算回路について解説した.

第7章では，これまでの組合せ論理回路と異なり，ある状態を記憶することができるフリップ・フロップについて解説した. このフリップ・フロップは第8章のカウンタと第9章のシフトレジスタの基本素子として欠かすことができない.

第8章のカウンタは入力されたパルスを数える回路で，ディジタル回路の中で応用範囲がきわめて広く，重要な内容である. ここではカウンタの設計に重点をおいて，クロックパルスの加え方による同期式と非同期式カウンタについて解説した.

第9章では，2 進数データを一時的に記憶したり，書込み・読込みが可能なシフトレジスタおよびシフトカウンタについて解説した.

第10章の IC メモリは RAM と ROM に大別される. RAM は DRAM と SRAM に，ROM はマスク ROM と PROM に分かれるが，これらのメモリについて簡単に解説した.

第11章では，まず D/A 変換・A/D 変換に欠かすことができない OP アンプについて簡単に解説した. D/A 変換器として重み抵抗型と R-$2R$ はしご型，A/D 変換器では標本化定理を述べてから，二重積分型と逐次比較型および並列比較型について解説した.

ディジタル電子回路の学習において，最も基本的で重要な基本論理回路と論理代数（ブール代数）さえ理解できれば，面白味と興味が確実に増してくるものと確信している.

本書を発刊するにあたり，数多くの著書と文献を参考させていただき，巻末の参考文献として記載し，著者の方々に厚くお礼を申しあげる．

　ディジタル電子回路を学びたい初心者の方々に十分理解できる教科書または参考書と考えて筆を取ったが，著者の気付かないところや不備な点のため，ご不満の点が多々あるものと思われるが，これらについては叱咤，ご指導いただいて完璧を期したいと思っている．

　最後に，本書を執筆する機会を与えて下さった日本理工出版会の伏見博之氏と浜元貴徳氏に深く感謝いたします．

2010 年 10 月

大類　重範

目　　　次

第4章　ディジタル IC の種類と動作特性

第5章　複合論理ゲート

第6章　演算回路

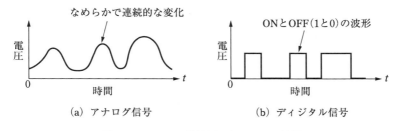

図 1・3　アナログ信号とディジタル信号

10 進数ではなく，**2 進数**（binary numbers）の数値 1 と 0 をパルス状の信号に対応させた図（b）に示す**ディジタル信号**が使われている．このように，1 と 0 の状態のみの信号として扱う回路が**ディジタル電子回路**である．

　10 進数が 0〜9 までの数字を扱うのに対して，2 進数は 0 と 1 の数字しか扱わない．この 2 進数 1 桁を**ビット**（bit）と呼び，情報量の単位として用いている．2 進数 1 桁では 10 進数の 0 と 1 しか表せないが，4 桁にすれば 0〜15 までの数字を表すことができる．ディジタル回路では信号をあるまとまった単位のデータとして取り扱うことが多く，コンピュータの世界では 8 ビットのデータを **1 バイト**といい，1 024 バイトを **1 キロバイト**，1 024 キロバイトを **1 メガバイト**のデータという．

1・2　アナログ信号からディジタル信号へ

　従来は，抵抗，コイル，コンデンサの受動素子とトランジスタ，OP（オペ）アンプなどの能動素子で構成されたアナログ電子回路が主に用いられてきた．
　ところが近年の飛躍的な集積回路技術の発展とコンピュータ処理能力の向上に伴って，ディジタル技術が盛んに利用され，身近なところではアナログ式の LP レコードからディジタル式の CD へ，カセットテープから MD への変貌はほんの一例にすぎない．
　図 1・4 は CD の録音から再生への過程を示している．マイクから取り込まれたアナログ信号は，**A/D 変換器**（analog-to-digital converter）により

標本化，量子化，および**符号化**という操作を行って 16 ビットの 2 進数 1 と
0 に変換され，このディジタル信号が CD レコーダによってアルミの反射膜
に記録される．

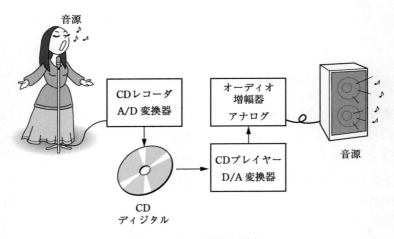

図 1・4　CD の録音と再生

　再生するときは，CD にレーザー光を当てて，反射光から読み取った 16
ビットの 1 と 0 のディジタル信号を **D/A 変換器**（digital-to-analog con-
verter）によって元のアナログ信号に戻して電力増幅した後，スピーカを駆
動して音源を再生している．なお，A/D 変換と D/A 変換については第 11
章で学習する．

⎿A/D 変換器の 3 つの過程⏌

① **標本化**　連続的なアナログ信号を離散的な信号に変換する操作を**標本化**
（sampling）または**サンプリング**という．アナログ信号 $x(t)$ は一定の間隔 T
ごとに標本化されてサンプル値信号 $x(n) = x(nT)$ が得られ，ここで n は整
数で一定間隔 T を**サンプリング周期**，その逆数 $f_s (= 1/T)$ を**サンプリング
周波数**という．**図 1・5** で $x(n)$ の●印はサンプル値を表している．

② **量子化**　サンプル値信号 $x(n)$ をあらかじめ決められたレベルに対応さ
せる操作を**量子化**（quantization）といい，決められたレベル間のサンプル
値は四捨五入される．同図に示すようにサンプル値●印と量子化されたレベ

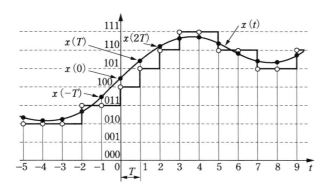

図1·5 サンプル値信号の量子化と符号化

ル○印の間に誤差を生じるが，この誤差を**量子化誤差（雑音）**という．

③ **符号化** 量子化された振幅値を2進数のディジタル信号に変換することを**符号化**（coding）という．図1·5は3ビット2進数の符号化を示している．

1·3 2進数ディジタルコード

A/D変換器やD/A変換器で扱うアナログ信号が単極性（ユニポーラ）の場合は**表1·1**の**ストレートバイナリ**，正負両極性の場合は**表1·2**の**2の補数**または**オフセットバイナリ**がよく用いられる．2の補数については後述する．

これらディジタルコードはA/D変換器とD/A変換器の両方に共通するものであり，汎用の専用**IC**（Integrated Circuit：集積回路）は目的に応じて切り替え可能となっている．表1·1はアナログ信号の**フルスケール（FS）**値が10Vのときの4ビットストレートバイナリコードと対応する数値を示している．バイナリコードの最上位の桁を**MSB**（Most Significant Bit），最下位の桁を**LSB**（Least Significant Bit）といい，1ステップは1LSBでFS値の1/16，すなわち0.625Vとなる．

FS値に対する1ステップの値をさらに細かくしたければ，ビット数を増やせばよい．すなわち，8ビットで1/256の0.039V，10ビットで1/1024の9.766mV，12ビットで1/4096の2.44mVとなる．そして，このステッ

表 1·1　ストレートバイナリコード

10 進	ストレート	FS = 10 V	
15	1111	9.375 V	FS-1 LSB
14	1110	8.750 V	
13	1101	8.125 V	
12	1100	7.500 V	3/4 FS
11	1011	6.875 V	
10	1010	6.250 V	
9	1001	5.625 V	
8	1000	5.000 V	1/2 FS
7	0111	4.375 V	
6	0110	3.750 V	
5	0101	3.125 V	
4	0100	2.500 V	1/4 FS
3	0011	1.875 V	
2	0010	1.250 V	
1	0001	0.625 V	1 LSB
0	0000	0.000 V	

プのことを**分解能**（resolution）といい，A/D 変換器では識別可能な最小ア
ナログ値を，D/A 変換器では出力可能な最小アナログ値を表している．つ
まり，**n をビット数として FS 値を 2^n で割った値が分解能で**，1 LSB に相
当するアナログ値となる．

　2 の補数コードの正数はストレートバイナリと同様で，負数は 2 の補数で
符号化していて，MSB は符号ビットとして"0"で正数，"1"で負数を表し
ている．オフセットバイナリは MSB のみが"1"のときアナログ値のゼロに
対応させ，ストレートバイナリコードの下半分が負数となるように単純にシ
フトさせたものである．これらのコードは MSB のビット反転で交換可能で，
A/D・D/A 変換器専用の IC にはこのための端子が用意されている．

とができて，I_B を変化させるとそれに応じて V_{CE} と I_C も変化してこの負荷線上を移動する．このとき I_B を固定して負荷線上のある特定の位置，すなわち**動作点**から V_{CE} と I_C の値を読み取ることができる．

図（a）の回路で I_B がゼロであれば特性曲線は横軸とほとんど一致して，コレクタ電流 I_C もゼロとなってコレクタ・エミッタ間電圧 $V_{CE} = V_{CC}$ となりそうである．ところが，動作点は A であるからわずかにコレクタ電流 **I_{CEO}** が流れ，この電流を**コレクタ遮断電流**という．また，このときのコレクタ・エミッタ間電圧を **V_{CEO}** と表している．

図（a）の回路でコレクタ抵抗 R_C を 2 kΩ，電源電圧を 10 V として I_B を十分大きくしてみよう．**図 1·11**（a）で仮に $V_{CE} = 0$ としてもコレクタ電流 I_C は 5 mA 以上流れることはない．すなわち，図（b）の I_B と I_C の特性からある値以上にベース電流を増加させてもコレクタ電流は飽和して増加しなくなり，このような状態を**トランジスタが飽和した**という．また，このときのコレクタ・エミッタ間電圧は約 0.2 〜 0.3 V で，この電圧を **$V_{CE(S)}$** と表している．

一般に，**図 1·12** に示す $I_B = 0$ の領域を**遮断領域**，$V_{CE(S)}$ の領域を**飽和領域**，点 A から B の領域を入力（I_B）と出力（I_C）が比例関係にあることから**線形領域**または**活性領域**と呼んでいて，増幅作用はこの領域で行われる．

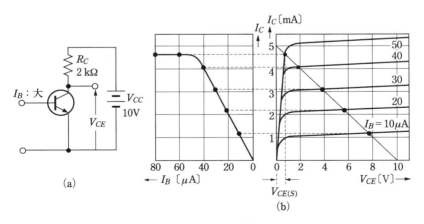

図 1·11　トランジスタの飽和電圧 $V_{CE(S)}$

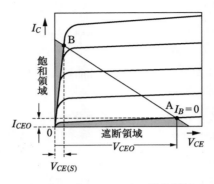

図1・12　トランジスタの動作領域

　ここで，近似的に $I_{CEO} \doteqdot 0$，$V_{CE(S)} \doteqdot 0$ と考えると，**トランジスタのスイッチング作用**が理解できる．トランジスタのベース電流をゼロとしたとき，

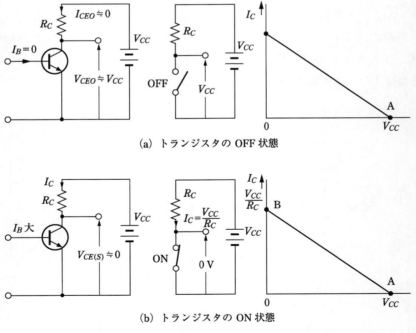

(a) トランジスタの OFF 状態

(b) トランジスタの ON 状態

図1・13　トランジスタスイッチ作用の ON と OFF

コレクタ遮断電流 I_{CEO} がごくわずか流れるが，この電流を無視すれば動作点は図1·13（a）に示すA点で，トランジスタをスイッチに置き換えれば **OFF状態**と考えることができる．次に，ベース電流を充分大きくするとコレクタ電流は飽和して，コレクタ・エミッタの電圧 $V_{CE(S)}$ を無視すれば動作点は図（b）のB点で，トランジスタをスイッチに置き換えれば **ON状態**と考えられる．

図1·14 はスイッチをトランジスタで置き換えたLED駆動回路で，入力のスイッチSをHにするとトランジスタはONで出力のLEDは点灯，スイッチSをLにするとトランジスタはOFFでLEDは消灯する．

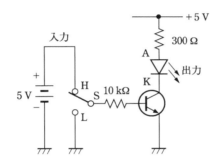

図1·14 トランジスタによるLED駆動回路

図1·15 に示す回路は，入力を反転させて出力する機能をもっている．すなわち，入力をLの0Vにするとベース電流は流れないから，トランジス

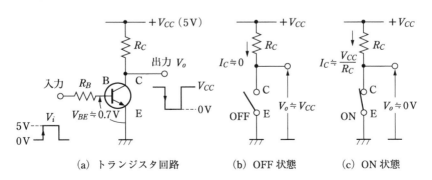

（a）トランジスタ回路　　（b）OFF状態　　（c）ON状態

図1·15 NOT回路（インバータ）

タは OFF 状態となり，電源電圧 5 V の H がそのまま出力に現れる．ところ
が，入力に H の 5 V を加えると，ベース電流が流れてコレクタ電流は飽和
状態となり，トランジスタは ON 状態で導通するから，出力は 0 V の L と
なり，反転動作をすることがわかる．このような回路を **NOT 回路**または**イ
ンバータ**（inverter）という．

第1章　演習問題

【1.1】アナログ信号からディジタル信号に変換するとき，どのような変換
　過程を通して行われるか．

【1.2】ストレートバイナリとオフセットバイナリの関連について述べよ．

【1.3】コレクタ遮断電流 I_{CBO} とトランジスタが飽和したときの電圧 $V_{CE(S)}$
　とはなにか．またこれらの値を無視したとき，トランジスタのスイッチン
　グ作用について説明せよ．

$$\therefore (0.625)_{10} = (0.101)_2$$
$$\therefore (50.625)_{10} = (110010.101)_2$$

2·2　8 進数と 16 進数

　2 進数は 0 と 1 の数字だけですべての数を表現できる利点はあるが，数が大きくなると，桁数が増大して一目で見分けにくくなる欠点がある．このため，2 進数を 3 桁または 4 桁の組に区切って，各区分に 0 ～ 9 の数字またはアルファベット文字を対応させて，その数値の大きさを表している．3 桁に区切る表示方法は $2^3 = 8$ の関係から **8 進数**（octal numbers），4 桁に区切る表示方法は $2^4 = 16$ の関係から **16 進数**（hexadecimal numbers）という．

　8 進数は基数が 8 で，8 種類の 0 ～ 7 の数字の組み合わせで表示され，$(8)_{10}$ で桁上がりが発生して $(10)_8$ となる．また，16 進数は基数が 16 で，16 種類の 0 ～ 15 の数字を表すことができる．0 ～ 9 の数字と $(10)_{10}$ ～ $(15)_{10}$ の 2 桁の数字にアルファベット文字 A ～ F（または小文字 a ～ f）を対応させた数体系で，$(16)_{10}$ で桁上がりが発生して $(10)_{16}$ となる．10 進数 0 ～ 15 までと 2，8，16 進数との対応を**表 2·2** に示す．

表 2·2　10 進数と 2，8，16 進数との対応

10進数	2 進数	8 進数	16進数	10進数	2 進数	8 進数	16進数
0	0	0	0	10	1010	12	A
1	1	1	1	11	1011	13	B
2	10	2	2	12	1100	14	C
3	11	3	3	13	1101	15	D
4	100	4	4	14	1110	16	E
5	101	5	5	15	1111	17	F
6	110	6	6	16	10000	20	10
7	111	7	7	17	10001	21	11
8	1000	10	8	18	10010	22	12
9	1001	11	9	19	10011	23	13

(1)　2 進数 → 8 進数，16 進数への変換

　2 進数を 8 進数または 16 進数に変換するには，2 進数の下位桁から 3 桁，4 桁ずつに区切って，それぞれ変換すればよい.

【例題 2·2】　2 進数 $(11101011)_2$ を 8 進数および 16 進数に変換せよ.

【解答】

2 進数 → 8 進数変換

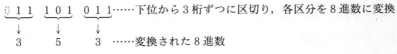

$$\therefore (11101011)_2 = (353)_8$$

2 進数 → 16 進数変換

$$\underline{1\ 1\ 1\ 0}\quad \underline{1\ 0\ 1\ 1}\cdots\cdots \text{下位から 4 桁ずつに区切り，各区分を 16 進数に変換}$$

$$\quad\quad\downarrow\qquad\qquad\downarrow$$

$$\quad\quad\text{E}\qquad\qquad\text{B}\quad\cdots\cdots\text{変換された 16 進数}$$

$$\therefore (11101011)_2 = (\text{EB})_{16}$$

(2)　8 進数，16 進数 → 2 進数への変換

　8 進数または 16 進数を 2 進数に変換するには，8 進数の各桁を 3 桁の 2 進数に，16 進数の各桁を 4 桁の 2 進数に変換してそのまま並べればよい.

【例題 2·3】　次の 8 進数と 16 進数を 2 進数に変換せよ.

　(1)　$(25)_8$　　　　(2)　$(1\text{A.C})_{16}$

【解答】

(1)　　　　2　　　　5

　　　　　　↓　　　　↓

　　　　$\overline{0\ 1\ 0}\quad \overline{1\ 0\ 1}\cdots\cdots$桁ごとに 3 桁の 2 進数へ変換

　　　　$\therefore (25)_8 = (10101)_2$

(2)　　　1　　　　　A　　.　　C
　　　　　↓　　　　　↓　　　　↓
　　　$\overline{0\ 0\ 0\ 1}$　$\overline{1\ 0\ 1\ 0}$.$\overline{1\ 1\ 0\ 0}$……桁ごとに4桁の2進数へ変換

　　$\therefore (1\mathrm{A.C})_{16} = (11010.11)_2$

(3)　10進数→8進数，16進数への変換

　10進数を8進数や16進数に変換するには，まず2進数に変換して下位桁から3桁と4桁ずつに区切って，それぞれ変換すればよい.

【例題 2·4】　次の10進数を8進数へ変換せよ.
　(1)　10　　　　(2)　2010　　　(3)　123.5625

【解答】

(1)　$(10)_{10} = (1010)_2,$　$\underbrace{0\ 0\ 1}\ \underbrace{0\ 1\ 0}$　　$\therefore (10)_{10} = (12)_8$
　　　　　　　　　　　　　　　↓　　　↓
　　　　　　　　　　　　　　　1　　　2

(2)　$(2010)_{10} = (11111011010)_2,$　$\underbrace{0\ 1\ 1}\ \underbrace{1\ 1\ 1}\ \underbrace{0\ 1\ 1}\ \underbrace{0\ 1\ 0}$　$(2010)_{10} = (3732)_8$
　　　　　　　　　　　　　　　　　　　　↓　　　↓　　　↓　　　↓
　　　　　　　　　　　　　　　　　　　　3　　　7　　　3　　　2

(3)　$(123.5625)_{10} = (1111011.1001)_2,$　$\underbrace{0\ 0\ 1}\ \underbrace{1\ 1\ 1}\ \underbrace{0\ 1\ 1}.\underbrace{1\ 0\ 0}\ \underbrace{1\ 0\ 0}$
　　　　　　　　　　　　　　　　　　　　　　　↓　　　↓　　　↓　　　↓　　　↓
　　　　　　　　　　　　　　　　　　　　　　　1　　　7　　　3　　　4　　　4

　　　　　　　　　　　　　　　　　　$(123.5625)_{10} = (173.44)_8$

（別解）　10進数を2進数に変換するとき基数2で割って求めたと同様に，基数8で割って求めてもよい.

　　　　　　　　　余り

(1)　$8\,\overline{)\,10}$ …… 2
　　　$8\,\overline{)\ \ 1}$ …… 1
　　　　　　0
　　　　　$(10)_{10} = (12)_8$

(2)　$8\,\overline{)\,2010}$ …… 2
　　　$8\,\overline{)\ \ 251}$ …… 3
　　　$8\,\overline{)\ \ \ 31}$ …… 7
　　　$8\,\overline{)\ \ \ \ 3}$ …… 3
　　　　　　　0　　　$(2010)_{10} = (3732)_8$

（3）　整数部

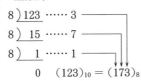

$$8\,)\,\underline{123}\ \cdots\cdots 3$$
$$8\,)\,\underline{\ 15}\ \cdots\cdots 7$$
$$8\,)\,\underline{\ \ 1}\ \cdots\cdots 1$$
$$0\quad (123)_{10}=(173)_8$$

小数部

$$0.5625\times 8 = 4.5000$$
$$0.5000\times 8 = 4.0000$$
$$= (0.44)_8$$

$$\therefore (123.5625)_{10}=(173.44)_8$$

【**例題 2・5**】　次の 10 進数を 16 進数へ変換せよ.

（1）　55　　　　（2）　235.875

【**解答**】

（1）　$(55)_{10}=(110111)_2,\ \underline{0\ 0\ 1\ 1}\ \underline{0\ 1\ 1\ 1}$　　$\therefore (55)_{10}=(37)_{16}$
$$\downarrow\downarrow$$
$$37$$

（2）　$(235.875)_{10}=(11101011.111)_2$
$$\underline{1\ 1\ 1\ 0}\ \underline{1\ 0\ 1\ 1}.\underline{1\ 1\ 1\ 0}\quad \therefore (235.875)_{10}=(EB.E)_{16}$$
$$\downarrow\downarrow\downarrow$$
$$EBE$$

（**別解**）　10 進数を 2 進数に変換するとき基数 2 で割って求めたと同様に，基数 16 で割って求めてもよい.

余り

（1）　$16\,)\,\underline{55}\ \cdots\cdots 7$
$$16\,)\,\underline{\ 3}\ \cdots\cdots 3$$
$$0$$
$$(55)_{10}=(37)_{16}$$

（2）　整数部　　余り

$$16\,)\,\underline{235}\ \cdots\cdots 11$$
$$16\,)\,\underline{\ 14}\ \cdots\cdots 14$$
$$0$$
$$= (EB)_{16}$$
$$\therefore (235)_{10}=(EB)_{16}$$

小数部

$$0.875\times 16 = 14.000$$
$$(0.E)_{16}$$

$$\therefore (235.875)_{10}=(EB.E)_{16}$$

(4)　8進数, 16進数→10進数への変換

8進数や16進数を10進数に変換するには, 各桁の数値に各桁の重み(8^n または16^n)を掛けて加算すればよい.

【例題 2·6】　次の8進数および16進数を10進数に変換せよ.

　(1)　$(123)_8$　　　　(2)　$(2BC)_{16}$　　　　(3)　$(A3D.F)_{16}$

【解答】

(1)　$(123)_8 = 1 \times 8^2 + 2 \times 8^1 + 3 \times 8^0$

$\qquad\qquad = 64 + 16 + 3$

$\qquad\qquad = (83)_{10}$

(2)　$(2BC)_{16} = 2 \times 16^2 + B \times 16^1 + C \times 16^0$

$\qquad\qquad\quad = 2 \times 16^2 + 11 \times 16^1 + 12 \times 16^0$

$\qquad\qquad\quad = 512 + 176 + 12$

$\qquad\qquad\quad = (700)_{10}$

(3)　$(A3D.F)_{16} = A \times 16^2 + 3 \times 16^1 + D \times 16^0 + F \times 16^{-1}$

$\qquad\qquad\quad\ = 10 \times 16^2 + 3 \times 16^1 + 13 \times 16^0 + 15 \times 16^{-1}$

$\qquad\qquad\quad\ = 2\,560 + 48 + 13 + 0.9375$

$\qquad\qquad\quad\ = (2621.9375)_{10}$

2·3　2進数の四則演算

2進数による四則演算は10進数と同様に計算できるが数字は0と1だけ で, 10進数と同じように加算では**桁上げ**(**キャリー**:carry), 減算では**桁 借り**(**ボロー**:borrow)が生じる. 2進数による四則演算では加算が基本に なっていて, 減算, 乗算, 除算は加算演算で行うことができる.

(1)　加算

1ビットの加算は以下に示すように4通りで, 1+1は桁上げして10となる.

$$
\begin{array}{r} 0 \\ +)\ 0 \\ \hline 0 \end{array}
\qquad
\begin{array}{r} 0 \\ +)\ 1 \\ \hline 1 \end{array}
\qquad
\begin{array}{r} 1 \\ +)\ 0 \\ \hline 1 \end{array}
\qquad
\begin{array}{r} 1 \\ +)\ 1 \\ \hline 10 \end{array}
$$

└──桁上げ（carry）

（例）　54＋18

$$
\begin{array}{r} 54 \\ +)\ 18 \\ \hline 72 \end{array}
\qquad
\begin{array}{r} 110110 \\ +)\ 10010 \\ \hline (1001000)_2 = (72)_{10} \end{array}
$$

(2)　減算

以下に示す 4 通りの基本演算のなかで，0−1 の減算は 0 から 1 は引けないので，一つ上の桁から 1 を借りてきて，**その桁を 1＋1＝2 とみなして減算**する．その後，**借りた桁から 1 を引いて**おかなければならない．

$$
\begin{array}{r} 0 \\ -)\ 0 \\ \hline 0 \end{array}
\qquad
\begin{array}{r} 0 \\ -)\ 1 \\ \hline 11 \end{array}
\qquad
\begin{array}{r} 1 \\ -)\ 0 \\ \hline 1 \end{array}
\qquad
\begin{array}{r} 1 \\ -)\ 1 \\ \hline 0 \end{array}
$$

└──桁借り（borrow）

（例）　54−18

$$
\begin{array}{r} 54 \\ -)\ 18 \\ \hline 36 \end{array}
\qquad
\begin{array}{r} 110110 \\ -)\ 10010 \\ \hline (100100)_2 = (36)_{10} \end{array}
$$

このように直接的な減算法のほかに被減数はそのままにして，減数のみ 2 進数の**補数**を考えて加算で減算が実行できる．この方法については後述する．

(3)　乗算

2 進数の乗算は 10 進数と全く同様で，以下の 4 通りしかない．

$$
\begin{array}{r} 0 \\ \times)\ 0 \\ \hline 0 \end{array}
\qquad
\begin{array}{r} 0 \\ \times)\ 1 \\ \hline 0 \end{array}
\qquad
\begin{array}{r} 1 \\ \times)\ 0 \\ \hline 0 \end{array}
\qquad
\begin{array}{r} 1 \\ \times)\ 1 \\ \hline 1 \end{array}
$$

被乗数に 0 を掛けたときは 0，1 を掛けたときは被乗数をそのままにして順次桁をずらして全体を加算すればよい．

（例）　54×18

```
        54                110110    または        110110
    ×）  18            ×）  10010          ×）   10010
       432                000000              1101100
        54                110110            110110
       972                000000          1111001100
                          000000
                          110110        ∴（1111001100）₂＝（972）₁₀
                        1111001100
```

このように被乗数と乗数の有効数字のみの乗算を加算してもよい.

（4）　除算

2進数の除算も4通り考えられるが，0÷0，1÷0は計算不能であるから

$$0÷1＝0, \qquad 1÷1＝1$$

の2通りを考えればよい. 10進数の除算54÷18を2進数で行うと以下のようになる. 被除数から除数を引いて，もし引けたら商に1を，引けなかったら商に0をたてていく. 割り切れないときには余りが生じる.

（例）　54÷18

```
            3                  （11）₂＝（3）₁₀
     18 ）54        10010 ）110110
         54                 10010
          0                 10010
                            10010
                                0
```

【例題 2·7】　次の2進数の加算を計算せよ.

（1）　1011＋1010　　　　（2）　100101＋001101

【解答】　桁上げを暗算で行って,

```
（1）     11          1011      （2）     37         100101
      ＋） 10      ＋） 1010           ＋） 13      ＋） 001101
         21         10101               50         110010
```

【例題 2·8】　次の 2 進数の減算を計算せよ.

(1)　1010 − 0101　　　(2)　101000 − 10001

【解答】　桁借りを暗算で行って,

(1)
$$\begin{array}{r} 10 \\ -)\ \ 5 \\ \hline 5 \end{array} \qquad \begin{array}{r} 1010 \\ -)\ 0101 \\ \hline 0101 \end{array}$$

(2)
$$\begin{array}{r} 40 \\ -)\ 17 \\ \hline 23 \end{array} \qquad \begin{array}{r} 101000 \\ -)\ 10001 \\ \hline 010111 \end{array}$$

【例題 2·9】　次の 2 進数の乗算を計算せよ.

(1)　1010 × 0101　　　(2)　1.100 × 0.101

【解答】

(1)
$$\begin{array}{r} 10 \\ \times)\ \ 5 \\ \hline 50 \end{array} \qquad \begin{array}{r} 1010 \\ \times)\ 0101 \\ \hline \end{array}$$

$$\begin{array}{r} 1010 \\ 0000 \\ 1010 \\ 0000 \\ \hline 0110010 \end{array}$$
……そのまま
…… 0 にする
……そのまま
…… 0 にする

(2)
$$\begin{array}{r} 1.5 \\ \times)\ 0.625 \\ \hline 75 \\ 30 \\ 90 \\ \hline 0.9375 \end{array} \qquad \begin{array}{r} 1.100 \\ \times)\ 0.101 \\ \hline 1\ 100 \\ 00\ 00 \\ 110\ 0 \\ 0000 \\ \hline 0.111\ 100 \end{array}$$
……そのまま
…… 0 にする
……そのまま
…… 0 にする
┊……小数点をずらす

（別解）　被乗数と乗数の有効数字のみを掛けて加算してもよい.

$$\begin{array}{r} 1010 \\ \times)\ 0101 \\ \hline 1010 \\ 1010 \\ \hline 110010 \end{array} \qquad \begin{array}{r} 1.010 \\ \times)\ 0.101 \\ \hline 1\ 100 \\ 110\ 0 \\ \hline 0.111\ 100 \end{array}$$

【例題 2·10】　次の除算を 2 進数で計算せよ.

(1)　10 ÷ 4　　　(2)　109 ÷ 11

【解答】

(1)　$(10)_{10} = (1010)_2$

　　$(4)_{10} = (100)_2$

(2)　$(109)_{10} = (1101101)_2$

　　$(11)_{10} = (1011)_2$

```
        10.1  ……商（2.5）
   100 )1010
        100
         10 0
         10 0
            0
```

$$\therefore (10 \div 4)_{10} = (10.1)_2 = (2.5)_{10}$$

```
             1001  ……商（9）
   1011 )1101101
           1011
           10101
            1011
            1010  ……余り（10）
```

$$\therefore (109 \div 11)_{10} = (1001)_2 \text{余り}(1010)_2$$
$$= (9)_{10} \text{余り}(10)_{10}$$

2・4 2進数の負数表現

　これまでは正の整数と小数のみを扱ってきた．ディジタル回路では0と1のみで数値や文字といったすべての情報を表している．したがって，マイナスやプラスの符号を用いて正，負の値を表現することはできない．

　そこで，数値データに正と負を表す**符号桁**を付加することを考える．この符号桁が"0"であれば正，"1"であれば負と決める．例えば，4ビットで構成した数値データ $(0011)_2$ に対して，次のように正，負を表す．

　　　00011　$(+3)_{10}$

　　　10011　$(-3)_{10}$

　このように**MSBを符号桁**として用いれば正，負の数値を表現することができる．ところが，この表現法で加算の演算を行うと以下のように6-3が3ではなく-9となり正しい結果が得られない．

```
    00110        (+6)₁₀
 +) 10011     +) (-3)₁₀
    11001        (-9)₁₀
```

　そこで符号桁の扱い方は同じであるが，数値データは絶対値ではなく，**補数**（complement）を用いて負数を表現する方法がある．2進数の補数には**1の補数**と**2の補数**があり，補数を用いると減算を加算演算で行うことができる．

(1) 1の補数と2の補数

　ある基準となる数から引いた残りの数を**補数**（complement）といい，負数表現に用いることができる．2進数で使われる補数には次の2種類がある．

a)　1の補数 (one's complement)

符号桁も含めた n 桁の 2 進数 B について

$$(2^n - 1)_{10} - B$$

で定義される数を B の 1 に対する補数，あるいは単に **B の 1 の補数**という.

例えば，2 進数 $B = (01011)_2$ の 1 の補数は，$(2^n - 1)_{10} = (11111)_2$ であるから

$$11111 - 01011 = 10100$$

となる. すなわち，**ある 2 進数の 1 の補数とはその数の各桁の 0 と 1 を入れ換えたものである**ことがわかる.

b)　2の補数 (two's complement)

n 桁の 2 進数 B について

$$(2^n)_{10} - B$$

で定義される数を B の 2 に対する補数，あるいは単に **B の 2 の補数**という.

例えば，2 進数 $B = (01011)_2$ の 2 の補数は，$(2^n)_{10} = (100000)_2$ であるから

$$100000 - 01011 = 10101$$

となる. すなわち，**ある 2 進数の 2 の補数とはその数の 1 の補数に 1 を加えたものと同じである**ことがわかる.

例えば，$(00101101)_2$ の 1 の補数は各ビットを反転して以下のようになる.

```
00101101←原数
↓      ↓  反転
11010010←原数の 1 の補数
```

同じく $(00101101)_2$ の 2 の補数の作り方を以下に示す.

```
      00101101←原数
      ↓      ↓  反転
      11010010←原数の 1 の補数
  +)         1
      11010011←原数の 2 の補数
```

数値 4 ビットに MSB を符号ビットとして付加した 10 進数に対する 2 進数の補数を用いた 5 ビットの負数表現を**表 2・3**に示す.

の数 0～9 に対して 2 進数 4 ビット 0000～1001 をそのまま対応させた重み付き符号を **2進化10進数**（Binary Coded Decimal），または **BCD コード** という．このコードは 2 進数の各桁が 8, 4, 2, 1 に重み付けされているので，**8421コード** ともいう．4 ビットの数値範囲は 0（0000）～15（1111）の 16 通りであるが，BCD コードは 10（1010）から 15（1111）は使用されないから冗長なコードでもある．

例えば，10 進数 183 を BCD コードで表すと以下のようになる．

$$\begin{array}{ccc} 1 & 8 & 3 \quad \leftarrow 10\,進数 \\ \downarrow & \downarrow & \downarrow \\ \overbrace{0001} & \overbrace{1000} & \overbrace{0011} \leftarrow BCD\,コード \quad \therefore (183)_{10} = (000110000011)_{BCD} \end{array}$$

10 進数と 2 進数，16 進数および BCD コードの対応を**表 2·4** に示す．

【例題 2·12】　次の 10 進数を BCD コードに変換せよ．

(1)　55　　　　(2)　32.4

【解答】

(1)　$\underset{\overline{0101}}{5}\ \underset{\overline{0101}}{5}$ ……10進数 …BCD

　　　$\therefore (55)_{10} = (01010101)_{BCD}$

(2)　$\underset{\overline{0011}}{3}\ \underset{\overline{0010.}}{2.}\ \underset{\overline{0100}}{4}$ ……10進数 …BCD

　　　$\therefore (32.4)_{10} = (00110010.0100)_{BCD}$

【例題 2·13】　次の BCD コードを 10 進数に変換せよ．

(1)　01101001　　　　(2)　10000010.01100001

【解答】

(1)　$\underset{6}{\underline{0110}}\ \underset{9}{\underline{1001}}$ ……BCD ……10進数

　　　$\therefore (01101001)_{BCD} = (69)_{10}$

(2)　$\underset{8}{\underline{1000}}\ \underset{2}{\underline{0010.}}\ \underset{6}{\underline{0110}}\ \underset{1}{\underline{0001}}$ ……BCD ……10進数

　　　$\therefore (10000010.01100001)_{BCD} = (82.61)_{10}$

BCD コードは，10 進数 1 桁を 4 ビットの 2 進数で表示しているから，加

算演算を行うとき注意する必要がある．BCD コード 1 桁は 10 進数 1 桁の 0 ～ 9 を表していて，加算結果は 0 ～ 18 となる．加算結果が 0 ～ 9 のときはそのままでよいが，10 から 18 が現れたら桁上げの操作を行い，かつ加算結果から $(10)_{10}$ を引く代わりに $(6)_{10} = (0110)_2$ を加える必要があり，このことを **10 進補正** という．

例えば，10 進数 12＋13 はそのままでよいが，15＋26 の演算を BCD コードで行うと，

$$
\begin{array}{rl}
0001\ 0010 \ \cdots\cdots & (12)_{10} \\
+)\ 0001\ 0011 \ \cdots\cdots & +)\ (13)_{10} \\
\hline
0010\ 0101 & (25)_{10}
\end{array}
\qquad
\begin{array}{rl}
0001\ 0101 \ \cdots & (15)_{10} \\
+)\ 0010\ 0110 \ \cdots & +)\ (26)_{10} \\
\hline
0011\ 1011 & (41)_{10} \\
\quad 3 \quad\ \ 11 & \cdots \text{この結果は誤り}
\end{array}
$$

このように BCD コードの演算結果は正解の 41 にはならず，3 11 になってしまう．これは，BCD コード以外の 1011 を答えとして用いたからで，この場合以下のように加算結果に $0000\ 0110 = (6)_{10}$ を加えれば正しい値 $(41)_{10}$ を得る．

$$
\begin{array}{rl}
0001\ 0101 \ \cdots\cdots\cdots & (15)_{10} \\
+)\ 0010\ 0110 \ \cdots\cdots\cdots & +)\ (26)_{10} \\
\hline
0011\ 1011 & (41)_{10} \\
+)\ 0000\ 0110 & (\ 6)_{10} \\
\hline
0100\ 0001 \\
\quad 4 \quad\ \ 1 \ \cdots\cdots\cdots & (41)_{10}
\end{array}
$$

【例題 2・14】 次の 10 進数の加算を BCD コードに変換して加算せよ．

(1) 9＋4   (2) 9＋9   (3) 16＋15   (4) 67＋53

【解答】

(1)

$$
\begin{array}{ll}
\quad\quad 1001 & \\
\underline{+0100} & \\
\quad\quad 1101 & \text{無効な BCD コード}(>9) \\
\underline{+0110} & \text{6 を加える} \\
\underline{0001}\quad\underline{0011} & \text{有効な BCD コード} \\
\quad\downarrow\quad\quad\downarrow \\
\quad 1\quad\quad 3
\end{array}
\qquad
\begin{array}{r}
9 \\
+\ 4 \\
\hline
13
\end{array}
$$

(2)　　　　　　1001　　　　　　　　　　　　　　　　　　　　　9
　　　　　　　＋1001　　　　　　　　　　　　　　　　　　　　＋ 9
　　　　　1　　0010　キャリーが生じたので無効　　　　　　　18
　　　　　　　＋0110　6を加える
　　　0001　　1000　有効なBCDコード
　　　　↓　　　　↓
　　　　1　　　　8

(3)　　0001　0110　　　　　　　　　　　　　　　　　　　　　16
　　　＋0001　0101　　　　　　　　　　　　　　　　　　　＋15
　　　0010　1011　右グループは無効（＞9）　　　　　　　　31
　　　　　　　　　　左グループは有効
　　　　　　＋0110　無効なコードに6を加える
　　　　　　　　　　左グループにキャリーを加える
　　　0011　0001　有効なBCDコード
　　　　↓　　　　↓
　　　　3　　　　1

(4)　　　　0110　　0111　　　　　　　　　　　　　　　　　　67
　　　　＋0101　＋0011　　　　　　　　　　　　　　　　　＋ 53
　　　　1011　　1010　両グループ無効（＞9）　　　　　　　120
　　　＋0110　＋0110　両グループに6を加える
　　0001　　0010　　0000　有効なBCDコード
　　　↓　　　　↓　　　　↓
　　　1　　　　2　　　　0

（2）　グレイコード

　グレイコード（gray code）は，重み付けのないコードで隣接する数値間で1ビットしか変化しないという特徴をもっている．10進数0〜20までの2進数と5ビットのグレイコードの対応を**表2·5**に示す．

　例えば10進数の7から8へ変化するとき，2進数では$(00111)_2$から$(01000)_2$とMSB以外すべてのビットが変化する．ところが，グレイコードでは1ビットのみ"0"から"1"に変化していることがわかる．

　この特徴を利用して，角度や方位をディジタル表示するとき**図2·1**のコード円板などに利用すると，動作が円滑で変化点であいまいさを生じるおそれのない符号化が行える利点がある．

　グレイコードは重みのないコードであるから，角度変位測定のコード円板からセンサで読み取ったグレイコードを2進数のデータに変換しなければならない．

表 2·5　5 ビットのグレイコード

10進数	2 進数	グレイコード
0	00000	00000
1	00001	00001
2	00010	00011
3	00011	00010
4	00100	00110
5	00101	00111
6	00110	00101
7	00111	00100
8	01000	01100
9	01001	01101
10	01010	01111
11	01011	01110
12	01100	01010
13	01101	01011
14	01110	01001
15	01111	01000
16	10000	11000
17	10001	11001
18	10010	11011
19	10011	11010
20	10100	11110

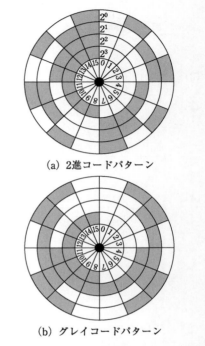

(a) 2進コードパターン

(b) グレイコードパターン

図 2·1　角度変位測定のエンコーダパターン

　2 進数からグレイコード，グレイコードから 2 進数への変換は以下の手順で行うことができる．

a)　2 進数コード→グレイコードへの変換手順

1)　2 進数コードの MSB を，そのままグレイコードの MSB とする．

2)　2 進数コードの MSB と隣接するビットを加算してその和を求め，グレイコードのビットとする．このとき，キャリーは無視する．

3)　以下，同様の手順を 2 進数コードの LSB まで続ける．

図 2·2 2進数からグレイコードへの変換

b) グレイコード→2進数コードへの変換手順

1) グレイコードの MSB を，そのまま 2 進数コードの MSB とする．

2) 2 進数コードの MSB とグレイコード MSB の隣接するビットと加算してその和を求め，2 進数コードのビットとする．このとき，キャリーは無視する．

3) 以下，同様の手順をグレイコードの LSB まで続ける．

図 2·3 グレイコードから 2 進数への変換

【例題 2·15】 次の 2 進数コードをグレイコードへ，グレイコードを 2 進数コードに変換せよ．

(1) 2 進数コード：11000110   (2) グレイコード：10101111

【解答】

(1) 2 進数コード→グレイコード

(2) グレイコード→2 進数コード

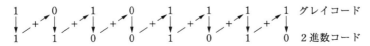

第 2 章　演習問題

【2.1】次の 2 進数を 10 進数に，10 進数を 2 進数に変換せよ.

(1)　$(1101101)_2$　　(2)　$(0.1011)_2$　　(3)　$(150)_{10}$　　(4)　$(0.3125)_{10}$

【2.2】次の 10 進数を 2 進数，8 進数，16 進数および BCD コードに変換せよ.

(1)　25　　　(2)　140　　　(3)　673　　　(4)　1240

(5)　0.875　　(6)　0.1875　　(7)　0.65625　　(8)　0.71875

【2.3】次の 2 進数の四則演算を計算せよ.

(1)　　　10101　　　　　21　　(2)　　　10011011　　　　155
　　　+）11001　　　+）25　　　　　+）01111111　　　+）127

(3)　　　11011　　　　　27　　(4)　　　111011　　　　　59
　　　−）10010　　　−）18　　　　　−）001101　　　−）13

(5)　　　10101　　　　　21　　(6)　　　100110　　　　　38
　　　×）10111　　　×）23　　　　　×）111101　　　×）61

(7)　$11\overline{)101101}$　　$45 \div 3$　　(8)　$110\overline{)1001001}$　　$73 \div 6$

【2.4】次の減算を 2 進数になおして 1 の補数と 2 の補数を用いて計算せよ.

(1)　$45 - 22$　　(2)　$22 - 45$　　(3)　$90 - 39$　　(4)　$39 - 90$

【2.5】次の 10 進数の加算を BCD コードに変換して加算せよ.

(1)　$23 + 15$　　(2)　$32 + 43$　　(3)　$52 + 63$　　(4)　$78 + 69$

(5)　$59 + 78$

【2.6】次の 2 進数をグレイコードへ，グレイコードを 2 進数に変換せよ.

(1)　$(11000011)_2$　　(2)　$(10110101)_G$

第3章

基本論理回路と論理代数

ディジタル回路では電圧が高い H レベルと低い L レベルの 2 つの状態を扱う．入力した H と L の信号の組合せに対して論理的な判断や処理を行い，それに対応する H と L の信号を出力する回路が論理回路である．論理回路の設計や解析の数学的な手法が**論理代数**，すなわち**ブール代数**でそこで扱う変数は 1 と 0 のみの値をとり，いくつかの公理や定理によって構成されている．

論理回路で基本となるのは AND 回路，OR 回路，NOT 回路（インバータ）の 3 つで，これらは**ゲート**とも呼ばれている．そのほか NAND，NOR ゲートなどの回路を組み合わせることによって，いろいろ複雑な論理・判断機能をもった回路を実現することができる．論理回路を表す図記号は，すべて **MIL 記号**（MILitary Standard Specification）と呼ばれる論理記号を用いている．

3·1 基本論理回路と論理記号

（1） OR 回路

入力に一つでも H があると出力が H となる回路を **OR 回路**または **OR ゲート**という．**図 3·1** (a) の 2 入力ダイオード回路は，入力 A または入力 B に H が加わると，出力 X が H となる．入力 A, B のいずれかが 5 V になると，ダイオードは導通して ON 状態となり，出力 X にはダイオードの順方向電圧降下分の約 0.7 V が引かれて 4.3 V が現れるが，ほぼ 5 V の H と考えてよい．

入力 A, B ともに 0 V のときは両ダイオードは非導通で OFF 状態となり，出力電圧は 0 V，すなわち L となる．

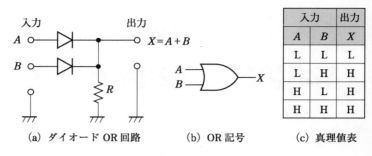

(a) ダイオード OR 回路　　(b) OR 記号　　(c) 真理値表

図3·1　OR 回路の論理記号と真理値表

　入力 A, B と出力 X との間に，A または B が H のとき X が H となる関係を X は A, B の**論理和**といい，

$$X = A + B \qquad\qquad (3·1)$$

と表し，その論理記号を図 (b) に示す．

　また，入力のすべての組合せに対する出力を H, L または 1，0 で表した図 (c) の一覧表を**真理値表**（Truth Table）という．なお，**入力の変数が n 個あれば H と L の組み合わせは全部で 2^n 通り**となる．

　2入力，3入力論理和の真理値表とスイッチ回路を**図3·2**に示す．この回路はどちらかのスイッチが ON のときランプが点灯するから，**スイッチ ON を H または 1，OFF を L または 0，ランプの点灯を H または 1，消灯を L または 0** に対応させれば，OR 回路の動作となる．

　論理回路の入出力動作を時間的な経過で表した図 (c) を**タイムチャート**（time chart）という．この図で入力と出力の状態を対応させることによって回路動作をより明確に把握することができる．

(2)　AND 回路

　すべての入力が H のときだけ出力が H となる回路を **AND 回路**または**AND ゲート**という．**図3·3** (a) の2入力ダイオード回路は，入力 A に H，そして入力 B に H が加わったときだけ出力 X が H となる．入力 A, B ともに5V を加えると，両ダイオードは非導通で OFF 状態となり，出力 X には

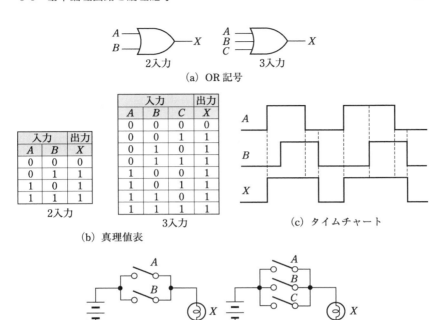

(a) OR 記号

入力		出力
A	*B*	*X*
0	0	0
0	1	1
1	0	1
1	1	1

2入力

入力			出力
A	*B*	*C*	*X*
0	0	0	0
0	0	1	1
0	1	0	1
0	1	1	1
1	0	0	1
1	0	1	1
1	1	0	1
1	1	1	1

3入力

(b) 真理値表

(c) タイムチャート

(d) スイッチ回路

図 3·2 OR 回路の動作

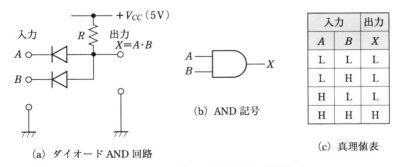

(a) ダイオード AND 回路

(b) AND 記号

入力		出力
A	*B*	*X*
L	L	L
L	H	L
H	L	L
H	H	H

(c) 真理値表

図 3·3 AND 回路の論理記号と真理値表

5 V が現れる.

　また，入力 A, B のうちどちらか，または A, B ともに 0 V であれば，ダ

イオードは導通して ON 状態となり，出力 X にダイオードの順方向電圧降下分の約 0.7 V が現れるが，ほぼ 0 V の L と考えてよい．このとき，入力 0 V の端子はアースに接地されたことになる．

　このように，入力 A, B と出力 X との間に A そして B が H のときのみ X が H となる関係を X は A, B の**論理積**といい，次式のように表す．

$$X = A \cdot B \tag{3・2}$$

　2 入力，3 入力論理積の真理値表とスイッチ回路およびタイムチャートを**図 3・4** に示す．図 (d) のスイッチ回路ですべてのスイッチが ON のときだけランプが点灯するから，AND 動作の回路であることがわかる．

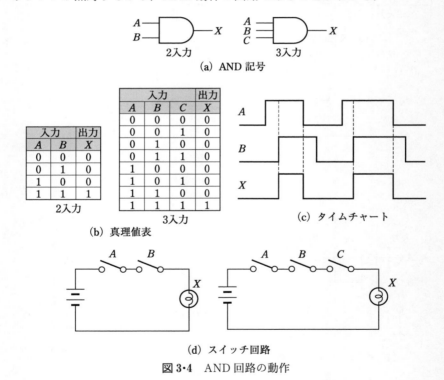

(a) AND 記号

2入力

入力		出力
A	B	X
0	0	0
0	1	0
1	0	0
1	1	1

3入力

入力			出力
A	B	C	X
0	0	0	0
0	0	1	0
0	1	0	0
0	1	1	0
1	0	0	0
1	0	1	0
1	1	0	0
1	1	1	1

(b) 真理値表

(c) タイムチャート

(d) スイッチ回路

図 3・4　AND 回路の動作

(3)　NOT 回路

入力 A が H のとき出力 X が L，逆に入力 A が L のとき出力 X が H と

なる関係を X は A の**否定**といい，A が反転するという意味で $\overline{A}$ （A バーと読む）を用いて次式のように表す．なお，NOT 回路を**インバータ**ということはすでに述べた．

$$X = \overline{A} \tag{3・3}$$

第1章で示した NOT 回路は入力を反転して出力する機能をもっていて，**図 3·5**（a）のようにトランジスタを用いて実現できる．

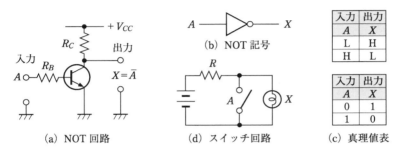

図 3·5　NOT 回路の論理記号と動作

入力 A が 0 V のとき，ベース電流はゼロでコレクタ電流は流れないから，コレクタ・エミッタ間は開放の **OFF 状態**で出力 X は 5 V となる．入力 A が 5 V になると，飽和したコレクタ電流が流れてコレクタ・エミッタ間は短絡の **ON 状態**で出力 X はほぼ 0 V となる．NOT 回路の論理記号を図（b）に示す．

図（d）に示す回路で**スイッチを ON にするとランプは消灯，OFF で点灯**するので NOT の動作をすることがわかる．

（4）　NAND 回路

AND の否定を行う回路を **NAND 回路**という．この回路の基本構成は，AND 回路に NOT 回路を接続した**図 3·6**（a）の **AND–NOT 回路**で構成され，論理積を否定することから，次のように表す．

$$X = \overline{A \cdot B} \tag{3・4}$$

ただし，図（a）の AND–NOT 回路はあくまでも原理的な説明図であって，

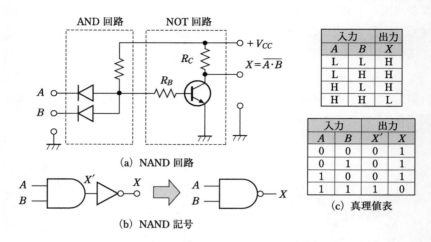

図3·6　NAND 回路の論理記号と真理値表

実用的な回路とはいえない.

　NAND 記号は AND 回路の出力に NOT を接続したものであるから,
AND 記号の出力側に**否定を意味する**○印を付けた図 (b) の論理記号を用い
ている. 図 (c) の真理値表から NAND 回路の動作は, すべての入力が H の
ときだけ出力が L となり, すべての入力またはそのうちのどれか一つが L で
あれば, 出力は H となる. **図3·7**に2入力 NAND のタイムチャートを示す.

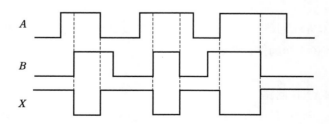

図3·7　2入力 NAND のタイムチャート

（5）　NOR 回路

OR の否定を行う回路が **NOR 回路**である．この回路は OR 回路に NOT 回路を接続した**図 3・8** の **OR–NOT 回路**で構成され，次式で表す．

$$X = \overline{A + B} \tag{3・5}$$

NOR の論理記号は OR 回路の出力に NOT を接続するから，**否定を意味する○印を付けた図（b）の論理記号を用いている．**

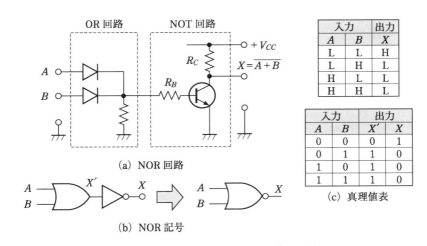

（a）NOR 回路

（b）NOR 記号

入力		出力
A	*B*	*X*
L	L	H
L	H	L
H	L	L
H	H	L

入力		出力	
A	*B*	*X′*	*X*
0	0	0	1
0	1	1	0
1	0	1	0
1	1	1	0

（c）真理値表

図 3・8　NOR 回路の論理記号と真理値表

図（c）の真理値表から NOR 回路の動作は 1 つでも入力が H になると出力は L となり，すべての入力が L のとき出力が H となる．**図 3・9** に 2 入力 NOR のタイムチャートを示す．

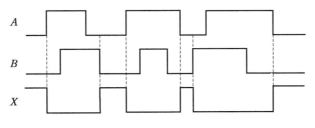

図 3・9　2 入力 NOR のタイムチャート

3·2　正論理と負論理

これまで“電圧が高い状態：H”を1，“電圧の低い状態：L”を0に対応させてきた．このように，**H を論理1に L を論理0に対応させた場合を正論理**（positive logic）といい，逆に **L を論理1に H を論理0に対応させた場合を負論理**（negative logic）という．

ディジタル回路では論理1を特に**能動**，あるいは**アクティブ**（active）といい，**MIL 記号**ではこの能動の状態，すなわち論理1に着目して論理動作を考える．したがって，**正論理では H で能動，負論理では L で能動**となる．能動とは“動作した”，“現われた”などと考えればよい．

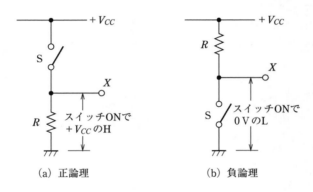

(a) 正論理　　　　　　　　　(b) 負論理

図3·10　スイッチ回路

図3·10 はすでに第1章で示したスイッチ回路で，図 (a) はスイッチの ON 操作で X の電位は H となる論理1の**正論理**，図 (b) はスイッチの ON 操作で L となる論理1の**負論理**と考えることができる．**AND 回路**の真理値表から正論理と負論理を並べて示したのが**表3·1** である．

表 (b) の正論理で1に着目すれば **AND 動作**，表 (c) の負論理で1に着目すれば明らかに **OR 動作**であることがわかる．すなわち，**正論理の AND 動作は負論理で OR 動作をすると考えることができる**．

この負論理の OR 動作を MIL 記号で表すとき，L 能動に論理1を対応させたことを明示するため OR 記号の入出力に〇印を付けて図3·11 (b) のよ

表 3·1　AND 回路の真理値表

(a) AND 回路の真理値表		
入力		出力
A	B	X
L	L	L
L	H	L
H	L	L
H	H	H

(b) 正論理		
入力		出力
A	B	X
0	0	0
0	1	0
1	0	0
1	1	1

(c) 負論理		
入力		出力
A	B	X
1	1	1
1	0	1
0	1	1
0	0	0

(a) 正論理

(b) 負論理

図 3·11　AND の正論理と負論理記号

うに表す.

　正論理の AND 記号に対して，負論理の OR 記号の入出力側に○印を付けることは，入力側に要求されているのは L 能動であり，この条件が一つでも満たされると能動状態となって OR が成立し，出力は L 能動になることを示している.

　これに対して正論理の AND 記号には○印は一つもなく，入力として H 能動が要求され，2 入力とも H 能動であれば能動状態となって AND が成立し，出力側にも○印がないから出力は H 能動となることを示している.

　MIL 記号の特徴はこの○印を取り入れたことで，この○印を**状態表示記号**と呼んでいる. このため，論理回路の機能を視覚的に表現することを可能にした.

　OR 回路の真理値表から得られる正論理と負論理を並べて**表 3·2** に示す.

　表 (b) の正論理で 1 に着目すれば **OR 動作**，表 (c) の負論理で 1 に着目すれば **AND 動作**であるから，AND 記号の入出力に○印を付けて**図 3·12** (b) のように表している. すなわち，**正論理の OR 動作は負論理で AND 動作**をすることがわかる.

表 3·2　OR 回路の真理値表

(a) OR 回路の真理値表 　　　　　(b) 正論理 　　　　　　　　(c) 負論理

入力		出力
A	*B*	*X*
L	L	L
L	H	H
H	L	H
H	H	H

入力		出力
A	*B*	*X*
0	0	0
0	1	1
1	0	1
1	1	1

入力		出力
A	*B*	*X*
1	1	1
1	0	0
0	1	0
0	0	0

(a) 正論理 　　　　　　　　　　(b) 負論理

図 3·12　OR の正論理と負論理記号

　NAND 回路の正論理と負論理の真理値表を**表 3·3** に示す．表 (b) の正論理で入力 1，出力 0 に着目すれば **AND 動作**，表 (c) の負論理で入力 1，出力 0 に着目すれば明らかに **OR 動作**であるから，**図 3·13** の論理記号を得る．

　同様に，**表 3·4** に示す **NOR 回路**の正論理と負論理の真理値表から，表 (b) の正論理で入力 1，出力 0 に着目すれば **OR 動作**，表 (c) の負論理で入力 1，出力 0 に着目すれば明らかに **AND 動作**であるから，**図 3·14** の論理記号を得る．

表 3·3　NAND の真理値表

(a) NAND 回路の真理値表 　　　(b) 正論理 　　　　　　　　(c) 負論理

入力		出力
A	*B*	*X*
L	L	H
L	H	H
H	L	H
H	H	L

入力		出力
A	*B*	*X*
0	0	1
0	1	1
1	0	1
1	1	0

入力		出力
A	*B*	*X*
1	1	0
1	0	0
0	1	0
0	0	1

表 3·8 ド・モルガンの定理と等価回路

ゲート名	正 論 理		負 論 理	
	記 号	論理式	記 号	論理式
AND		$X = A \cdot B$		$\overline{X} = \overline{A} + \overline{B}$ $X = \overline{\overline{A} + \overline{B}}$
OR		$X = A + B$		$\overline{X} = \overline{A} \cdot \overline{B}$ $X = \overline{\overline{A} \cdot \overline{B}}$
NOT		$X = \overline{A}$ $\overline{X} = A$		$X = \overline{A}$
NAND		$X = \overline{A \cdot B}$ $\overline{X} = A \cdot B$		$X = \overline{A} + \overline{B}$
NOR		$X = \overline{A + B}$ $\overline{X} = A + B$		$X = \overline{A} \cdot \overline{B}$

基本定理で，対の形で示された定理は互いに＋と・，1と0を交換しただけで得られるから，すべて双対の関係にあることがわかる．

3·4 論理式の標準展開

論理回路を設計する場合，まず要求される論理条件をもとに真理値表を作成し，真理値表の条件を満足する論理式を導出する必要がある．この論理式を導く形式には，**加法標準形**と**乗法標準形**と呼ばれる 2 つの標準形式がある．

（1） 加法標準形と乗法標準形

任意の論理式は，すべての変数を含む論理和または論理積の形式に展開することができて，これを論理式の**標準展開**という．

ここで，否定も含めてすべての変数を含む論理積の項を**最小項**といい，すべての変数を含む論理和の項を**最大項**という．3 変数 A, B, C の最小項と最大項を**表 3·9** に示す．

ある論理関数 X を**最小項の和の形式**で展開したものを**加法標準形**または

表 3·9　3変数の最小項と最大項

$A\,B\,C$	最小項	最大項
0 0 0	$\overline{A}\,\overline{B}\,\overline{C}$	$\overline{A}+\overline{B}+\overline{C}$
0 0 1	$\overline{A}\,\overline{B}\,C$	$\overline{A}+\overline{B}+C$
0 1 0	$\overline{A}\,B\,\overline{C}$	$\overline{A}+B+\overline{C}$
0 1 1	$\overline{A}\,B\,C$	$\overline{A}+B+C$
1 0 0	$A\,\overline{B}\,\overline{C}$	$A+\overline{B}+\overline{C}$
1 0 1	$A\,\overline{B}\,C$	$A+\overline{B}+C$
1 1 0	$A\,B\,\overline{C}$	$A+B+\overline{C}$
1 1 1	$A\,B\,C$	$A+B+C$

最小項形式といい，3変数の場合は次式のような展開式となる．

$$X(A,\ B,\ C) = \overline{A}\,\overline{B}\,\overline{C} + \overline{A}\,\overline{B}\,C + \overline{A}\,B\,\overline{C} + \cdots\cdots + A\,B\,C$$

また，論理関数 X を**最大項の積の形式**で展開したものを**乗法標準形**または**最大項形式**といい，3変数の場合は次式のような展開式となる．

$$X(A,\ B,\ C) = (\overline{A}+\overline{B}+\overline{C})(\overline{A}+\overline{B}+C)\cdots\cdots(A+B+C)$$

ここで，展開式の各項にはすべての変数がそのまま，または否定の形で含まれていなければならない．したがって，

$$X = A\cdot B + \overline{A}\cdot C,\ X = (\overline{A}+B)(A+\overline{C})$$

といった論理式は，加法標準形あるいは乗法標準形とはいえない．

　加法または乗法標準形でない論理式を標準形の展開式に導くには，不足している変数を追加すればよい．すなわち，加法標準形では不足している変数 X の項に $X+\overline{X}=1$ を乗じ，乗法標準形では不足している変数 X の項に $X\cdot\overline{X}=0$ を加えて導くことができる．

【例題 3·3】　次の論理式(1)を加法標準形，(2)を乗法標準形に展開せよ．

　(1)　$X = A\cdot B + \overline{A}\cdot C$　　　　(2)　$X = (\overline{A}+B)(A+\overline{C})$

【解答】

(1)　$X = AB + \overline{A}C$

$\quad\quad = AB(C+\overline{C}) + \overline{A}C(B+\overline{B})$

$\quad\quad = ABC + AB\overline{C} + \overline{A}BC + \overline{A}\,\overline{B}C$

(2)　$X = (\overline{A} + B)(A + \overline{C})$

$\qquad = (\overline{A} + B + C\overline{C})(A + \overline{C} + B\overline{B})$

$\qquad = (\overline{A} + B + C)(\overline{A} + B + \overline{C})(A + B + \overline{C})(A + \overline{B} + \overline{C})$

(2)　真理値表から論理式への変換

　真理値表から論理式を導くには次の 2 つの方法があり，機械的に変換することができる.

a)　加法標準形への変換

①　真理値表の結果が "1" になる条件に着目する.

②　変数が 1 のところはそのまま，0 のところは否定して論理積を作る.

③　これら論理積の項，すなわち最小項を論理和で結ぶ.

b)　乗法標準形への変換

①　真理値表が "0" になる条件に着目する.

②　変数が 0 のところはそのまま，1 のところは否定して論理和を作る.

③　これら論理和の項，すなわち最大項を論理積で結ぶ.

　同じ真理値表から導出されるこれら加法・乗法標準形の論理式は，形は異なっているが，変形すれば全く同一の式であることを証明することができる.

> 【例題 3・4】　表 3・10 の真理値表から加法標準形と乗法標準形を求めよ.

【解答】

表 3・10

A	B	C	X		
0	0	0	0	$\leftarrow (A+B+C)$	加法標準形は $X=1$ のところに着目して，
0	0	1	0	$\leftarrow (A+B+\overline{C})$	$X = \overline{A}BC + A\overline{B}\,\overline{C} + AB\overline{C} + ABC$
0	1	0	0	$\leftarrow (A+\overline{B}+C)$	乗法標準形は $X=0$ のところに着目して，
0	1	1	1	$\leftarrow \overline{A}BC$	$X = (A+B+C)(A+B+\overline{C})$
1	0	0	1	$\leftarrow A\overline{B}\,\overline{C}$	$\qquad \cdot (A+\overline{B}+C)(\overline{A}+B+\overline{C})$
1	0	1	0	$\leftarrow (\overline{A}+B+\overline{C})$	
1	1	0	1	$\leftarrow AB\overline{C}$	
1	1	1	1	$\leftarrow ABC$	

(3)　排他的論理和：EX-OR 回路と EX-NOR 回路

図 3·16 (b) の真理値表で示すように，2 つの入力 A，B が異なったとき出力が 1 となる回路を**排他的論理和**（exclusive OR：**EX-OR**）または**反一致回路**という．真理値表より，加法標準形の論理式は次式となる．

$$X = \overline{A} \cdot B + A \cdot \overline{B} \tag{3·8}$$

論理回路を図 (c) に，NAND のみの構成を図 (d) に示す．通常 EX-OR の論理式は次式のように表し，論理記号も簡潔に図 (a) のように表記して

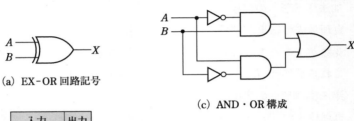

(a) EX-OR 回路記号

(c) AND・OR 構成

入力		出力
A	B	X
0	0	0
0	1	1
1	0	1
1	1	0

(b) EX-OR 回路の真理値表

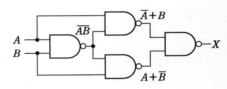

(d) NAND 構成

図 3·16　排他的論理和（EX-OR 回路）

いる（演習問題 3.2 参照）．

$$X = A \oplus B \tag{3·9}$$

また，2 つの入力 A，B が一致したとき出力が 1 となる**図 3·17** の回路を**一致回路**または **EX-NOR 回路**という．図 (b) の真理値表より論理式は，

$$X = \overline{A} \cdot \overline{B} + A \cdot B = \overline{A \oplus B} \tag{3·10}$$

で与えられ，論理記号を図 (a) に論理回路を図 (c), (d) に示す．

図 3·18 に 2 入力 EX-OR と EX-NOR 回路のタイムチャートを示す．

（a）EX-NOR 回路の記号

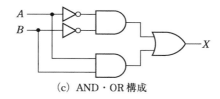

（c）AND・OR 構成

入力		出力
A	*B*	*X*
0	0	1
0	1	0
1	0	0
1	1	1

（b）EX-NOR 回路の真理値表

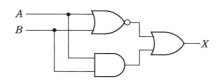

（d）AND・OR と NOR の混合構成

図 3·17　EX-NOR 回路

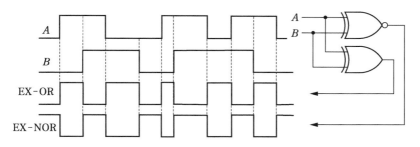

図 3·18　2 入力 EX-OR と EX-NOR 回路のタイムチャート

3·5　論理式の簡単化

　真理値表から直接導出される加法標準形や乗法標準形の論理式は一般に複雑で，このまま回路を構成するとめんどうになるばかりでなくゲートの数が増えて不経済となる．そこで，論理式をできるだけ簡単化する必要がある．論理式の簡単化には，論理公式を使った数学的な方法と，**カルノー図**を使った機械的な方法が一般的である．そのほか，ベン（フェン）図やクワイン・マクラスキー法（Q-M 法）による方法もあるが，ここでは割愛する．

（1）　論理公式による簡単化

すでに学んだ論理公式をたくみに応用して，いくつかの変数や，冗長な項を消去することができる．簡単化に使われる主な公式を以下に示す．

○変数を消去する公式：$1+A = 1,\ A+\overline{A} = 1,\ A\cdot\overline{A} = 0$

○同一変数をまとめる公式：$A+A = A, A\cdot A = A$

○変数を圧縮する公式：$A+A\cdot B = A,\ A(A+B) = A,$
$$(A+B)(A+\overline{B}) = A$$

○分配側：$A+B\cdot C = (A+B)(A+C)$

○内掛け外掛けの定理：$(A+B)(\overline{A}+C) = \overline{A}\cdot B+A\cdot C$

【例題 3・5】　次の論理式を簡単化せよ．

(1) $X = AB+A\overline{B}+\overline{A}\,\overline{B}$

(2) $X = AB\overline{C}+A\,\overline{B}\,\overline{C}+\overline{A}\,B\overline{C}$

(3) $X = A\overline{B}C+\overline{A}BC+A\overline{B}\,\overline{C}+\overline{A}\,\overline{B}C+\overline{A}\,\overline{B}\,\overline{C}$

【解答】

(1)　$X=AB+A\overline{B}+\overline{A}\,\overline{B}= A(B+\overline{B})+\overline{B}(A+\overline{A})=A+\overline{B}$

(2)　$X=AB\overline{C}+A\overline{B}\overline{C}+\overline{A}\,B\overline{C}=A\overline{C}(B+\overline{B})+B\overline{C}(A+\overline{A})=A\overline{C}+B\overline{C}=\overline{C}(A+B)$

(3)　$X=A\overline{B}C+\overline{A}BC+A\overline{B}\,\overline{C}+\overline{A}\,B\overline{C}+\overline{A}\,\overline{B}\,\overline{C}$

$=A\overline{B}(C+\overline{C})+\overline{A}\,\overline{B}(C+\overline{C})+\overline{A}BC$

$=A\overline{B}+\overline{A}\,\overline{B}+\overline{A}BC$

$=\overline{B}(A+\overline{A})+\overline{A}BC$

$=\overline{B}+\overline{A}BC$

$=\overline{B}+\overline{A}C$

【例題 3・6】　次の論理式を簡単化せよ．

(1) $X = (A+B)(A+\overline{B})(\overline{A}+B)$

(2) $X = (A+B+C)(A+B+\overline{C})(\overline{A}+B+C)$

(3) $X = (A+B+C)(A+\overline{B}+C)(\overline{A}+B+C)(\overline{A}+B+\overline{C})$

【解答】

(1) $\quad X = (A+B)(A+\overline{B})(\overline{A}+B)$

$\qquad = (A+B\overline{B})(\overline{A}+B) = A(\overline{A}+B) = AB$

(2) $\quad X = (A+B+C)(A+B+\overline{C})(\overline{A}+B+C)$

$\qquad = (A+B+C\overline{C})(B+C+A\overline{A})$

$\qquad = (A+B)(B+C) = AB+AC+B+BC$

$\qquad = B(1+A+C)+AC = B+AC$

(3) $\quad X = (A+B+C)(A+\overline{B}+C)(\overline{A}+B+C)(\overline{A}+B+\overline{C})$

$\qquad = (A+C+B\overline{B})(\overline{A}+B+C\overline{C})$

$\qquad = (A+C)(\overline{A}+B)$

$\qquad = AB+\overline{A}C$

【例題 3・7】 表 3・11 の真理値表から加法標準形と乗法標準形の展開式を求めよ．また，両展開式を簡単化して等しいことを証明せよ．

【解答】

表 3・11

A	B	C	X		
0	0	0	0	$\leftarrow (A+B+C)$	加法標準形は $X=1$ のところに着目して，
0	0	1	1	$\leftarrow \overline{A}\,\overline{B}C$	$X = \overline{A}\,\overline{B}C + \overline{A}B\overline{C} + A\overline{B}C + AB\overline{C}$
0	1	0	1	$\leftarrow \overline{A}B\overline{C}$	乗法標準形は $X=0$ のところに着目して，
0	1	1	0	$\leftarrow (A+\overline{B}+\overline{C})$	$X = (A+B+C)(A+\overline{B}+\overline{C})(\overline{A}+B+C)$
1	0	0	0	$\leftarrow (\overline{A}+B+C)$	$\quad \cdot (\overline{A}+\overline{B}+\overline{C})$
1	0	1	1	$\leftarrow A\overline{B}C$	
1	1	0	1	$\leftarrow AB\overline{C}$	
1	1	1	0	$\leftarrow (\overline{A}+\overline{B}+\overline{C})$	

加法標準形：$X = \overline{A}\,\overline{B}C + \overline{A}B\overline{C} + A\overline{B}C + AB\overline{C}$

$\qquad = \overline{B}C(\overline{A}+A) + B\overline{C}(\overline{A}+A)$

$\qquad = \overline{B}C + B\overline{C} = B \oplus C$

乗法標準形：$X = (A+B+C)(A+\overline{B}+\overline{C})(\overline{A}+B+C)(\overline{A}+\overline{B}+\overline{C})$

$\qquad = (B+C+A\overline{A})(\overline{B}+\overline{C}+A\overline{A})$

$\qquad = (B+C)(\overline{B}+\overline{C}) = \overline{B}C + B\overline{C}$

(2)　カルノー図による簡単化

　カルノー図は，すべての論理変数が隣接性（隣り合う変数の状態が一つず
つ異なる）をもつように配列を工夫したもので，**図 3·19, 20** に示すようにそ
れぞれのマス目の区画はすべての論理変数の論理積の項（最小項）を表して
いる．

　分割の方法は，**隣どうしのます目は変数が一つしか変わらないように**作成
する．また，**上端と下端，左端と右端は連続している**ものと考え，この場合
も変数は一つしか変わらないように作成する．

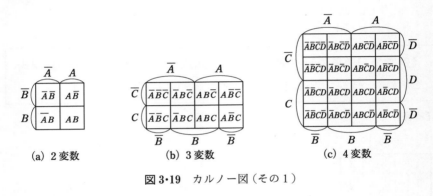

(a) 2 変数　　　　　　(b) 3 変数　　　　　　(c) 4 変数

図 3·19　カルノー図（その 1）

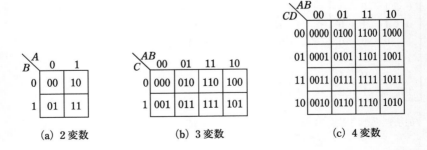

(a) 2 変数　　　　　　(b) 3 変数　　　　　　(c) 4 変数

図 3·20　カルノー図（その 2）

カルノー図を使って論理式を簡単化する手順は以下の通りである．

カルノー図による簡単化の手順

① 与えられた論理式を加法標準形に展開する.

② 展開された論理式の各項に対応するマス目に適当な印（1）を記入する.

③ 隣り合った1のマス目，上下または左右の隣接する1のマス目をできるだけ大きなループで囲む. このとき，ループで囲まれる1の個数は1，2，4，8，…，2^n であること. また，ループは重なってもよい.

④ マス目の1は必要に応じて何回でも使ってよい.

⑤ 各ループに対応する論理式を読み取り，論理和を求める.

【**例題 3·8**】　次の論理式をカルノー図を用いて簡単化せよ.

(1) $X = \overline{A}\,\overline{B} + A\overline{B} + AB$

(2) $X = \overline{A}\,\overline{B}C + \overline{A}BC + AB\overline{C} + ABC$

(3) $X = \overline{A}\,\overline{B}C + \overline{A}B\overline{C} + \overline{A}BC + A\overline{B}C$

(4) $X = \overline{A}\,\overline{B}\,\overline{C}D + A\overline{B}\,\overline{C}D + A\overline{B}CD + AB\overline{C}D + ABCD$

(5) $X = \overline{A}\,\overline{B}\,\overline{D} + A\,\overline{C}\overline{D} + \overline{A}B\overline{C} + AB\overline{C}D + A\,\overline{B}C\overline{D}$

【**解答**】

(1) $X = \overline{A}\,\overline{B} + A\overline{B} + AB$

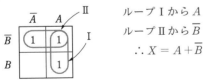

ループⅠから A

ループⅡから $\overline{B}$

$\therefore X = A + \overline{B}$

(2) $X = \overline{A}\,\overline{B}C + \overline{A}BC + AB\overline{C} + ABC$

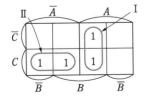

ループⅠから AB

ループⅡから $\overline{A}C$

$\therefore X = AB + \overline{A}C$

(3) $X = \overline{A}\,\overline{B}C + \overline{A}BC + \overline{A}BC + A\overline{B}C$

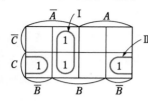

ループ I から $\overline{A}B$

ループ II から $\overline{B}C$

$\therefore X = \overline{A}B + \overline{B}C$

(4) $X = \overline{A}\,\overline{B}\,\overline{C}D + A\overline{B}CD + A\overline{B}CD + AB\overline{C}D + ABCD$

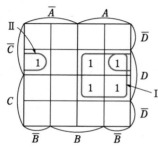

ループ I から AD

ループ II から $\overline{B}\,\overline{C}D$

$\therefore X = AD + \overline{B}\,\overline{C}D$

(5) $X = \underset{①}{\overline{A}\,\overline{B}\overline{D}} + \underset{②}{A\,\overline{C}D} + \underset{③}{\overline{A}B\overline{C}} + \underset{④}{AB\overline{C}D} + \underset{⑤}{A\,\overline{B}C\overline{D}}$

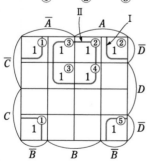

① $\overline{A}\,\overline{B}\overline{D} = \overline{A}\,\overline{B}\overline{D}(C + \overline{C})$

② $A\,\overline{C}D = A\,\overline{C}D(B + \overline{B})$

③ $\overline{A}B\overline{C} = \overline{A}B\overline{C}(D + \overline{D})$

とおけるから，カルノー図を用いて，

ループ I より $\overline{B}\overline{D}$

ループ II より $B\overline{C}$

$\therefore X = \overline{B}\overline{D} + B\overline{C}$

【例題 3·9】 次の論理式をカルノー図を用いて簡単化せよ.

(1) $X = A\overline{B} + \overline{A}B + AB$

(2) $X = \overline{A}\,\overline{B}\,\overline{C} + \overline{A}\,\overline{B}C + AB\overline{C} + A\overline{B}\,\overline{C}$

(3) $X = \overline{A}\,\overline{B} + A\overline{B} + \overline{A}BC + ABC$

(4) $X = \overline{A}BC + \overline{A}B\overline{C} + A\overline{B}C + AB\overline{C} + ABC$

(5) $X = \overline{A}\,\overline{B}CD + \overline{A}BCD + ABCD + AB\overline{C}D + A\overline{B}CD + A\overline{B}\,\overline{C}D$

【解答】

(1) $X = A\overline{B} + \overline{A}B + AB$

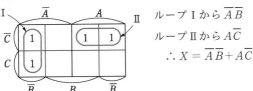

ループ I から A
ループ II から B
$\therefore X = A + B$

(2) $X = \overline{A}\,\overline{B}\,\overline{C} + \overline{A}\,\overline{B}C + AB\overline{C} + A\overline{B}\,\overline{C}$

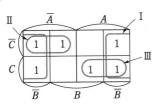

ループ I から $\overline{A}\,\overline{B}$
ループ II から $A\overline{C}$
$\therefore X = \overline{A}\,\overline{B} + A\overline{C}$

(3) $X = \overline{A}\,\overline{B} + A\overline{B} + \overline{A}BC + ABC$

$\overline{A}\,\overline{B} = \overline{A}\,\overline{B}(C + \overline{C})$

$A\overline{B} = A\overline{B}(C + \overline{C})$

とおけるから

ループ I から $\overline{B}$

ループ II から $\overline{A}\,C$

ループ III から AC

$\therefore X = \overline{B} + \overline{A}\,C + AC$

(4) $X = \overline{A}\,\overline{B}C + A\overline{B}\,\overline{C} + A\overline{B}C + AB\overline{C} + ABC$

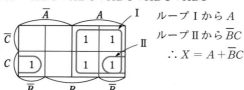

ループⅠから A

ループⅡから $\overline{B}C$

$\therefore X = A + \overline{B}C$

(5) $X = \underset{①}{\overline{A}\,\overline{B}CD} + \underset{②}{\overline{A}BCD} + \underset{③}{ABCD} + \underset{④}{AB\overline{C}D} + \underset{⑤}{A\overline{B}CD} + \underset{⑥}{A\overline{B}\,\overline{C}D}$

ループⅠから $A\overline{D}$

ループⅡから $C\overline{D}$

$\therefore X = A\overline{D} + C\overline{D}$

$\qquad = (A + C)\overline{D}$

【例題 3·10】　表 3·12 の真理値表から加法標準形と乗法標準形の展開式を求めて簡単化し，両展開式が等しいことを証明せよ．また，カルノー図を用いて簡単化せよ．

【解答】

表 3·12

A	B	C	X	
0	0	0	1	← $\overline{A}\,\overline{B}\,\overline{C}$
0	0	1	1	← $\overline{A}\,\overline{B}C$
0	1	0	1	← $\overline{A}B\overline{C}$
0	1	1	0	← $(A + \overline{B} + \overline{C})$
1	0	0	1	← $A\overline{B}\,\overline{C}$
1	0	1	1	← $A\overline{B}C$
1	1	0	0	← $(\overline{A} + \overline{B} + C)$
1	1	1	0	← $(\overline{A} + \overline{B} + \overline{C})$

表 3·12 から加法標準形を求めて，簡単化すると，

$X = \overline{A}\,\overline{B}\,\overline{C} + \overline{A}\,\overline{B}C + \overline{A}B\overline{C} + A\overline{B}\,\overline{C} + A\overline{B}C$

$\quad = \overline{A}\,\overline{B}(\overline{C} + C) + \overline{A}C(\overline{B} + B) + A\overline{B}(\overline{C} + C)$

$\quad = \overline{A}\,\overline{B} + \overline{A}C + A\overline{B}$

$\quad = \overline{B}(\overline{A} + A) + \overline{A}C = \overline{B} + \overline{A}C$

ディジタル IC の種類と動作特性

ディジタル IC を分類すると，**バイポーラトランジスタ**（bipolar transistor）を用いた **TTL**（transistor transistor logic）**IC** と，**ユニポーラトランジスタ**（unipolar transistor）を用い，**MOS**（metal oxide semiconductor）**-FET**（field effect transistor）と呼ばれるタイプの IC に分類することができる.

MOS 系の IC は，p チャンネル MOS-FET と n チャンネル MOS-FET を相補的に回路接続した **C-MOS**（complementary MOS）と呼ばれるロジック IC が用いられている.

汎用ロジック IC のファミリには豊富な種類があるが，今日比較的入手が容易でよく用いられる TTL 系の **74 LS ファミリ** と C-MOS 系の **74 HC ファミリ** を取り上げ，それぞれの回路構成と電気的な動作特性を比較する. また，特殊な入出力特性をもついくつかの IC についても学ぶ.

4·1　ディジタル IC の種類

TI（テキサス・インスツルメンツ）社が最初に開発した**スタンダード TTL**，すなわち**標準 TTL** は **74 ファミリ**と呼ばれ，基本論理ゲートをはじめとして各種機能をもった IC が発売された. その後，改良を重ねてショットキーダイオードを用いた高速・低消費電力形の **LS-TTL**（ローパワー・ショットキー TTL）は標準 TTL を凌いで多用され，今日 **74 LS ファミリ**は標準的な IC となり，これらを総称して **74 シリーズ**と呼んでいる.

一方，**RCA/モトローラ社**が最初に開発した C-MOS IC の **4000/4500 シ**

リーズは消費電力が少なく入力電流がきわめて小さいという特徴に対して，動作速度が遅くて出力電流が小さく，しかも 74 シリーズとのピン互換性がないため初期の頃の主流にはなれなかった．その後，これら C-MOS IC 固有の欠点が改良され，74 シリーズとピン互換で TTL との置き換えや混用が可能な **74 HC（ハイスピード C-MOS）ファミリ**が広く普及し，今日では LS-TTL に取って代わるようになった．

　最近では，改良版の **74 VHC ファミリ**や **74 AHC ファミリ**，低電圧（3.3 V など）動作用の **74 LV ファミリ**や **74 LCX ファミリ**などの C-MOS ロジックが市販されている．

　汎用ロジック IC の中で **74 LS ファミリ**と **74 HC ファミリ**は入手が容易で，標準的に広く使われている．74 シリーズの IC は各社共通に，以下のように表示されている．

$$\overbrace{\text{A A}}^{\text{メーカ記号}} \underbrace{\overbrace{7\ 4}^{\text{性能表示}}}_{\substack{\text{74シリー} \\ \text{ズ表示}}} \overbrace{\text{B B B}}^{} \underbrace{\text{C C C}}_{\text{機能表示}}$$

　表 4·1 に示す AA は製造メーカ名，BBB は IC の性能，CCC（2 桁または 3 桁）は機能を表す数字コードである．74 シリーズの IC は，その論理機能によって一連の番号が与えられている．例えば，**図 4·1** に示す一個の IC 内

表 4·1　74 シリーズロジック IC の型番表示

AA	BBB	CCC
SN：TI 社	表記なし：標準 TTL	00：2 入力 NAND×4
HD：日立製作所	S：ショットキー TTL（S-TTL）	04：2 入力 NOT×6
TC：東芝	LS：低消費電力 S-TTL（LS-TTL）	08：2 入力 AND×4
μPD：日本電気	AS：上級 S-TTL（AS-TTL）	32：2 入力 OR×4
MC：モトローラ	ALS：上級 LS-TTL（ALS-TTL）	74：D-FF×2
	F：FAST（高速）-TTL（F-TTL）	86：2 入力 Ex-OR×4
	HC：高速 CMOS	160：10 進カウンタ
	AC：上級 CMOS	

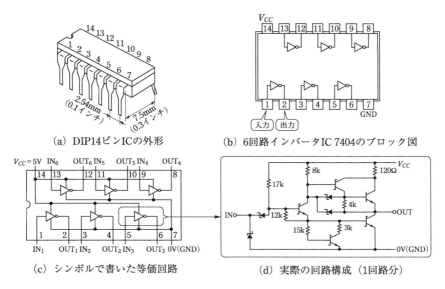

（a）DIP14ピンICの外形

（b）6回路インバータIC 7404のブロック図

（c）シンボルで書いた等価回路

（d）実際の回路構成（1回路分）

図 4·1 ディジタル IC74LS04

にインバータ（NOT）が 6 個組み込まれたものは **7404** の番号が付けられている．図（a）は 14 ピン IC の外形，図（b）はピン配置，図（c）は電源も含めた内部回路，図（d）は一個のインバータの実際の回路構成を示している．同じく**図 4·2** は，2 入力 4 NAND IC **7400** のピン配置と内部の回路構成を示している．

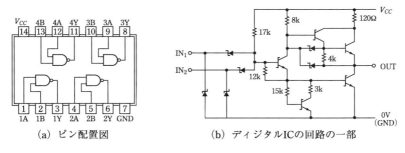

（a）ピン配置図

（b）ディジタルICの回路の一部

図 4·2 ディジタル IC74LS00

　以後，TTL の **74 LS 04** も C–MOS の **74 HC 04** もともにインバータ IC であるから，機能を重視する場合，**LS** とか **HC** のファミリ・ネームは省略することがある．特定のファミリを示す必要があるときは，LS とか HC を付記して区別することにする．

4・2　TTL IC

（1）　標準 TTL

　最初に TI 社が開発した**標準 TTL IC** はすでに廃止品種で現在では使用されなくなったが，回路構成は他の TTL IC の原形となっている．このため，**図 4・3** に示す **NAND ゲート IC 7400** の内部回路を例に，以下トランジスタが ON のときのコレクタ・エミッタ間の飽和電圧 $V_{CE(S)}$ を約 0.3 V，このときのベース・エミッタ間電圧を約 0.7 V として基本動作を説明する．なお，複数のエミッタをもつトランジスタ Q_1 を**マルチ・エミッタ・トランジスタ**という．

① A, B ともに H レベル（5 V）のとき ：トランジスタ Q_1 のベース・コレクタ間の pn 接合は順方向バイアス状態となって，図 (a) の点線で示すように Q_1 のベースからコレクタに電流が流れて Q_2 のベース電流となり Q_2 を ON にする．Q_2 のエミッタ電流の一部は Q_4 のベース電流となって Q_4 も ON となり，Q_2 のベース電位は約 1.4 V，Q_1 のベース電位は約 2.1 V となる．このとき R_2 を通して電流が流れてその電圧降下により Q_2 のコレクタ電位は約 1.0 V となるが，レベルシフトダイオード D_3 により Q_3 は OFF，出力は Q_4 の飽和電圧約 0.3 V の L レベルとなる．このとき Q_4 のコレクタ電流は電源からではなく出力端子に接続された負荷側から流れ込むから，この電流を**シンク電流**（sink current：**吸い込み電流**）という．

② A, B のどちらか，または両方 L レベル（0 V）のとき ：図 (b) の点線で示すように電流は R_1 を通して Q_1 のベースから L レベルのエミッタ側に流れて Q_1 を ON にする．その結果，Q_1 のコレクタ電圧すなわち Q_2 のベース電圧が約 0.3 V に低下して Q_2 と Q_4 は OFF となり，R_2 における電圧降下がな

起こすことはない．図（a）と（b）の比較から C–MOS は TTL よりもノイズ
に強いことがわかる．

（2）　入出力の電流

　表 4·3 は 74 LS と 74 HC の入力電流と出力電流を示したもので，論理ゲー
トに流れ込む電流を正（＋），流れ出す電流を負（－）と表している．ここで，
C–MOS の入力インピーダンスは非常に高く，74 HC の入力電流はほとんど
流れないので "―" と表して無視している．

表 4·3　入力電流と出力電流

項　　目	74 LS	74 HC	単位
H レベル入力電流 I_{IH}	20	―	μA
L レベル入力電流 I_{IL}	－0.4	―	mA
H レベル出力電流 I_{OH}	－0.4	－4	mA
L レベル出力電流 I_{OL}	8	4	mA

　74 LS 論理ゲートの入出力電流の関係を**図 4·13** に示す．出力ピンが 1 レ
ベルのとき出力から入力に向かって電流が流れ，出力ピンが 0 レベルのとき
はその逆に入力から出力に向かって電流が流れる．このとき，論理ゲートに
流れ込む電流を**吸い込み電流（シンク電流）**，論理ゲートから流れ出す電流
を**吐き出し電流（ソース電流）**ということはすでに **4·2** で述べた．

◇**入力電流 I_{IH}/I_{IL}**：1 レベルの信号を入力したときの入力ピンに吸い込まれ
る電流の最大値が I_{IH}，0 レベルの信号を入力したときの入力ピンから吐き
出される電流の最大値が I_{IL} で，74 LS の入力電流は 1 レベルで 20 μA，0 レ
ベルで 0.4 mA である．

◇**出力電流 I_{OH}/I_{OL}**：出力ピンが 1 レベルのとき吐き出される電流の最大値
が I_{OH}，0 レベルのとき吸い込まれる電流の最大値が I_{OL} で，1 レベルの出力
電流は 74 LS で 0.4 mA，74 HC で 4 mA，0 レベルの出力電流は 74 LS で 8
mA，74 HC で 4 mA である．

ファンアウト　**図 4·14** に示す論理ゲートの入力側と出力側で，入力ピン数

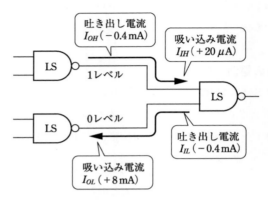

図 4·13　74LS の入出力電流

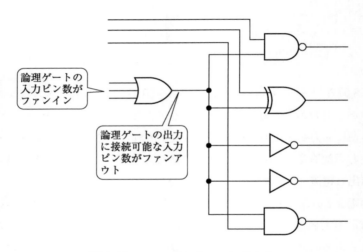

図 4·14　ファンインとファンアウト

を**ファンイン**，出力の分岐数を**ファンアウト**と呼んでいる．一つの出力ピン
に負荷として接続できる次段の入力ピン数はロジック IC の種類によって異
なり，入出力電流などによって最大分岐数が決まってくる．すなわち 1 レベ
ル出力の場合，負荷となる次段の入力ピンへどの程度電流が供給できるか，
また 0 レベルの場合，出力に接続された負荷からどの程度電流を流入させる

　オープンコレクタ論理ゲートの大きな特徴は複数のオープンコレクタ出力を一個のプルアップ抵抗に接続して，**ワイヤード OR** または**ワイヤード AND** と呼ばれる回路を構成できることである．**図 4·20**（a）はオープンコレクタのインバータ IC **7405** を用いて出力をプルアップ抵抗に接続した回路を示していて，図（c）は入力 A **または** B が 1 のとき出力 X が 0 となる **OR 動作**，図（d）は入力 A と B **ともに** 0 のとき出力 X が 1 となる **AND 動作**と考えることができる．

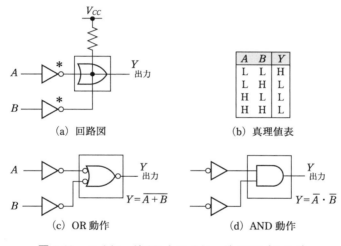

（a）回路図　　　　　　　　　　（b）真理値表

（c）OR 動作　　　　　　　（d）AND 動作

図 4·20　ワイヤード OR とワイヤード AND（その 1）

　図 4·21 はオープンコレクタの NAND ゲート IC **SN 7403** を用いて二つの出力を接続した回路である．図（a）の出力結合部分を負論理で見ると OR 機能の**ワイヤード OR**，図（b）の結合部分を正論理で見ると AND 機能の**ワイヤード AND** で動作することがわかる．

（2）　スリーステートバッファ

　ディジタル IC の中にはこれまでの出力論理レベル 1 と 0 以外に，出力が回路的に切り離された**フローティング**と呼ばれる**ハイインピーダンス状態**をもつ IC がある．このため，このような IC を出力 1 と 0 の 2 値のほかに，

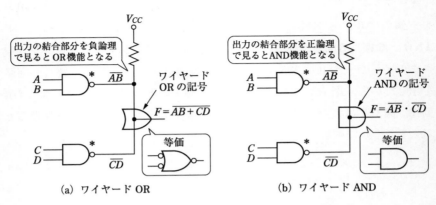

(a) ワイヤード OR　　　　　　　(b) ワイヤード AND

図 4·21　ワイヤード OR とワイヤード AND（その 2）

ハイインピーダンスの状態を加えて**スリーステート（トライステート）出力**という.

　通常の論理ゲート出力 1 と 0 のほかに，**ハイインピーダンス**の 3 つの状態をもつバッファを**トライステートバッファ**ともいい，**図 4·22** において制御入力 G によってバッファ内のスイッチが ON/OFF の動作をすると考えればよい.

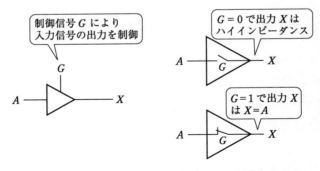

図 4·22　スリーステートバッファの動作

　同図の制御入力が $G = 0$ のとき，スイッチは OFF となって出力ピンは回路から切り離されてハイインピーダンスの状態，$G = 1$ のときスイッチは

ON となって出力は $X = A$ となる.

　図4·23 (a) は $G = 0$ でハイインピーダンス，$G = 1$ でバッファとインバータ，図 (b) は $G = 1$ でハイインピーダンス，$G = 0$ でバッファとインバータの動作をする.

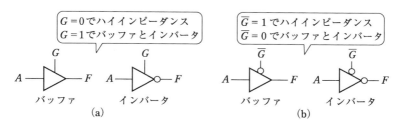

図4·23　4種類のスリーステートバッファ

　図4·24 に複数のパソコンから一台のプリンタが共用できるスリーステートバッファの応用例を示す．制御入力 $G = 0$ のときパソコン B のバッファはハイインピーダンス，パソコン A のバッファはアクティブとなり，パソコン A がプリンタを利用できる．また，制御入力 $G = 1$ のときパソコン B のバッファはアクティブ，パソコン A のバッファはハイインピーダンスと

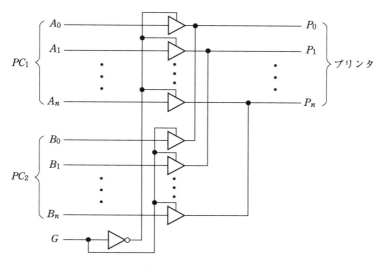

図4·24　スリーステートバッファの応用例

なり，パソコン B がプリンタを利用できる．

(3)　シュミットトリガ

C-MOS インバータ **74 HC 04** の入出力電圧特性は，**図 4·25** (a) に示すように入力電圧をゼロから増加させてスレッショルド電圧 $V_{CC}/2$ を超えると出力が 1 から 0 に変化し，逆に入力電圧を減少させても同じスレッショルド電圧 $V_{CC}/2$ で 0 から 1 に出力が変化する．これに対して，図 (b) の**シュミットトリガ**のインバータ **74 HC 14** は入力電圧が増加するときのスレッショルド電圧 V_{T+} と減少するときのスレッショルド電圧 V_{T-} が異なっていて，$V_{T+} > V_{T-}$ の関係にある．この V_{T+} と V_{T-} の電圧差を**ヒステリシス**と呼び，図 (c) のピン配置の図記号にもこのヒステリシスループを明記している．

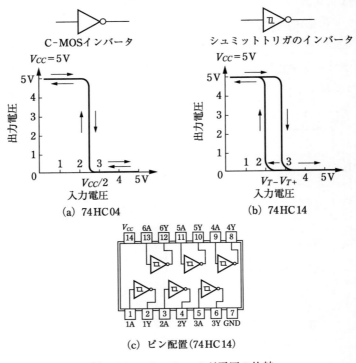

(a) 74 HC 04　　　　(b) 74 HC 14

(c)　ピン配置(74 HC 14)

図 4·25　スレッショルド電圧の比較

　図4·26は一般のC-MOSインバータとシュミットトリガのインバータの入出力電圧波形を比較したもので，一般のインバータではスレッショルド電圧近傍にノイズが混入すると余計なパルスが発生するが，シュミットトリガのインバータはノイズの影響を受けないことがわかる．

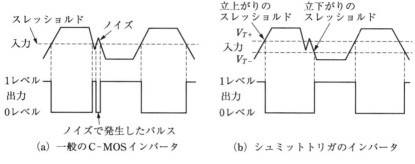

（a）一般のC-MOSインバータ　　　（b）シュミットトリガのインバータ

図4·26　入出力電圧波形の比較

第4章　演習問題

【4.1】標準TTLにショットキーダイオードを用いることによってLSタイプの動作速度が改善されたが，この理由について説明せよ．

【4.2】図問4.2のC-MOS 2入力NANDゲートとNORゲートの動作原理について説明せよ．

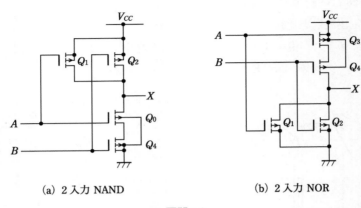

(a) 2 入力 NAND　　　　　　　　　　(b) 2 入力 NOR

図問 4.2

【4.3】 LS シリーズに比べて HC シリーズのほうがノイズに強い．この理由について説明せよ．

【4.4】 ファンアウトとはなにか．

【4.5】 LS シリーズと HC シリーズを混在して回路を構成するときの注意点について述べよ．

【4.6】 一般のインバータの代わりにシュミットトリガのインバータを用いる利点について説明せよ．

複合論理ゲート

NAND, NOR, EX-OR などのゲート IC を組み合わせて, ほぼすべての論理回路を実現することができる. ところが, 回路が複雑になると実装面積が増えるばかりでなく, 配線ミスや誤動作の要因となる. このため, 各論理ゲートを組み合わせる技術よりも, 総合的に IC の数が少なくて経済性のよい方法が重要となる. すなわち, どんな機能をもった IC が市販されているか, あるいはよく利用されている IC は何かを知ることが重要になってくる.

ここでは, **符号変換回路**と**選択回路**およびこれらの機能 IC について学ぶ.

5・1 エンコーダ

10 進数演算をコンピュータで実行するとき, 10 進数をディジタル演算回路で扱える 2 進数に変換して演算を行っている. このように, ある入力を特定の符号に変換する回路を**エンコーダ** (encoder) または**符号器**という. 逆に, ある符号入力を解読して, 対応する一つのデータに出力する回路を**デコーダ** (decoder) または**復号器・解読器**という.

(1) プライオリティエンコーダ

10 進数データをキーボードやディジタルスイッチからコンピュータなどのディジタル回路に入力するとき, BCD コードの 2 進数に変換する回路が**エンコーダ**である. 10 進数を BCD コードに変換するブロック図と真理値表を**図 5・1** に示す. 真理値表から容易に**図 5・2** の回路構成を得る.

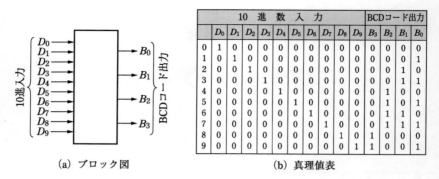

	10 進 数 入 力										BCDコード出力			
	D_0	D_1	D_2	D_3	D_4	D_5	D_6	D_7	D_8	D_9	B_3	B_2	B_1	B_0
0	1	0	0	0	0	0	0	0	0	0	0	0	0	0
1	0	1	0	0	0	0	0	0	0	0	0	0	0	1
2	0	0	1	0	0	0	0	0	0	0	0	0	1	0
3	0	0	0	1	0	0	0	0	0	0	0	0	1	1
4	0	0	0	0	1	0	0	0	0	0	0	1	0	0
5	0	0	0	0	0	1	0	0	0	0	0	1	0	1
6	0	0	0	0	0	0	1	0	0	0	0	1	1	0
7	0	0	0	0	0	0	0	1	0	0	0	1	1	1
8	0	0	0	0	0	0	0	0	1	0	1	0	0	0
9	0	0	0	0	0	0	0	0	0	1	1	0	0	1

(a) ブロック図　　　　　　(b) 真理値表

図 5·1　10 進→BCD エンコーダのブロック図と真理値表

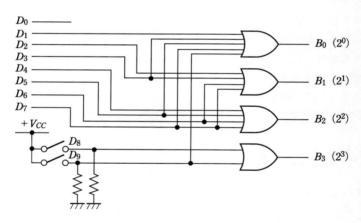

図 5·2　10 進→BCD エンコーダの回路構成

　ただし，図 5·2 の D_0 ～ D_7 までの 10 進入力回路でスイッチとプルダウン抵抗は省略してある．このように構成した回路には，以下のような問題点がある．

① 10 進のキー入力 D_0 ～ D_9 は複数同時に 1 となることはないが，一度に複数のキー入力をしたとき，出力結果は真理値表を満足しなくなる．

② 真理値表の第一行目から B_3 ～ B_0 は 0 であるから何も入力していないのか，あるいは 10 進数 0 の入力 D_0 が 1 なのか区別できない．

　このような問題点に対して，次のように対処できる．①に対しては，同時

に複数の 1 が入力されても最も大きい数値入力を優先する．例えば，D_0, D_3, D_5 を同時に入力しても D_0 と D_3 は無視され，D_5 と判断する．このような優先度をもたせた回路を**プライオリティエンコーダ**（priority encoder）という．

また，②については 10 進入力 $D_0 \sim D_9$ のどれかが入力されたことを示す**グループセレクト信号 GS**（group select）を出力すればよい．

(2)　プライオリティエンコーダ回路の設計

簡単のため，まず入力 $D_0 \sim D_3$ の 4 進入力で大きい数値に優先度をもたせて 2 進数に変換するプライオリティエンコーダの設計について考えよう．

優先度をもたせた 4 進→2 進エンコーダの真理値表を**図 5·3**(b) に示す．仮に D_2，D_3 を同時に入力しても D_2 は無視され D_3 と判断する．$D_0 \sim D_3$ のすべてが 0 のときと，D_0 のみが 1 のときも $B_1 B_0 = 00$ であるから識別できない．そこで $GS = 0$ のとき $B_1 B_0 = 00$ は無効，$GS = 1$ のとき $B_1 B_0 = 00$ は有効と考えればよい．真理値表の×印は 0 か 1 のどちらか，すなわち**don't care** を示していて，出力 GS は入力が一つでもあると 1 となる．真理値表から以下の論理式が導かれ，図 (c) の回路を得る．

$$\left.\begin{aligned}
B_1 &= D_2\overline{D_3} + D_3 = D_2 + D_3 \\
B_0 &= D_1\overline{D_2}\,\overline{D_3} + D_3 = D_1\overline{D_2} + D_3 \\
GS &= D_0\overline{D_1}\,\overline{D_2}\,\overline{D_3} + D_1\overline{D_2}\,\overline{D_3} + D_2\overline{D_3} + D_3 \\
&= D_0 + D_1 + D_2 + D_3
\end{aligned}\right\} \tag{5·1}$$

(a)　ブロック図	入力				出力			(c)　回路
	D_0	D_1	D_2	D_3	B_1	B_0	GS	
	0	0	0	0	0	0	0	
	1	0	0	0	0	0	1	
	×	1	0	0	0	1	1	
	×	×	1	0	1	0	1	
	×	×	×	1	1	1	1	

(a)　ブロック図　　　　(b)　真理値表　　　　(c)　回路

図 5·3　4 進→2 進プライオリティエンコーダ

【**例題 5・1**】　優先度をもたせた入力 $D_0 \sim D_7$ の 8 進入力を 2 進数に変換するプライオリティエンコーダのブロック図と真理値表を**図 5・4**に示す．真理値表をもとにして回路を設計せよ．ここで，**EI**（enable input）が**アクティブ L** かつ入力 $D_0 \sim D_7$ のどれか一つが 1 のとき $GS = 1$ で有効な 2 進数 $B_3 \sim B_0$ が出力され，$\overline{EI} = 1$ のとき $D_0 \sim D_7$ に無関係に $B_3 \sim B_0$ はすべて 0 で無効となる．なお，EI については後述する．

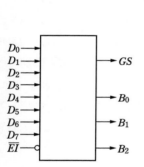

			入　力							出　力		
$\overline{EI}$	D_0	D_1	D_2	D_3	D_4	D_5	D_6	D_7	B_2	B_1	B_0	GS
1	×	×	×	×	×	×	×	×	0	0	0	0
0	1	0	0	0	0	0	0	0	0	0	0	1
0	×	1	0	0	0	0	0	0	0	0	1	1
0	×	×	1	0	0	0	0	0	0	1	0	1
0	×	×	×	1	0	0	0	0	0	1	1	1
0	×	×	×	×	1	0	0	0	1	0	0	1
0	×	×	×	×	×	1	0	0	1	0	1	1
0	×	×	×	×	×	×	1	0	1	1	0	1
0	×	×	×	×	×	×	×	1	1	1	1	1

（a）ブロック図　　　　　　　　　　　（b）真理値表

図 5・4　8 進→ 2 進プライオリティエンコーダのブロック図と真理値表

【**解答**】

真理値表で B_2 が 1 のところに着目して，

$$B_2 = (D_4\overline{D_5}\,\overline{D_6}\,\overline{D_7} + D_5\overline{D_6}\,\overline{D_7} + D_6\overline{D_7} + D_7)\overline{EI}$$
$$= [(D_4\overline{D_5} + D_5)\overline{D_6}\,\overline{D_7} + D_6 + D_7]\overline{EI}$$
$$= [(D_4 + D_5)\overline{D_6}\,\overline{D_7} + D_6 + D_7]\overline{EI}$$
$$= (D_4 + D_5 + D_6 + D_7)\overline{EI} \tag{5・2}$$

同様にして，B_1, B_0, GS の論理式は次式となる．

$$B_1 = (D_2\overline{D_3}\,\overline{D_4}\,\overline{D_5}\,\overline{D_6}\,\overline{D_7} + D_3\overline{D_4}\,\overline{D_5}\,\overline{D_6}\,\overline{D_7} + D_6\overline{D_7} + D_7)\overline{EI}$$

$$= [(D_2\overline{D_4}\,\overline{D_5} + D_3\overline{D_4}\,\overline{D_5} + D_6 + D_7)]\overline{EI}$$

$$B_0 = [D_1\overline{D_2}\,\overline{D_3}\,\overline{D_4}\,\overline{D_5}\,\overline{D_6}\,\overline{D_7} + D_3\overline{D_4}\,\overline{D_5}\,\overline{D_6}\,\overline{D_7} + D_5\overline{D_6}\,\overline{D_7} + D_7]\overline{EI}$$

$$= [(D_1\overline{D_2}\,\overline{D_4}\,\overline{D_6} + D_3\overline{D_4}\,\overline{D_6} + D_5\overline{D_6} + D_7)]\overline{EI}$$

$$GS = [D_0\overline{D_1}\,\overline{D_2}\,\overline{D_3}\,\overline{D_4}\,\overline{D_5}\,\overline{D_6}\,\overline{D_7} + D_1\overline{D_2}\,\overline{D_3}\,\overline{D_4}\,\overline{D_5}\,\overline{D_6}\,\overline{D_7}$$

$$+ D_2\overline{D_3}\,\overline{D_4}\,\overline{D_5}\,\overline{D_6}\,\overline{D_7} + D_3\overline{D_4}\,\overline{D_5}\,\overline{D_6}\,\overline{D_7} + D_4\overline{D_5}\,\overline{D_6}\,\overline{D_7}$$

$$+ D_5\overline{D_6}\,\overline{D_7} + D_6\overline{D_7} + D_7]\overline{EI}$$

$$= (D_0 + D_1 + D_2 + D_3 + D_4 + D_5 + D_6 + D_7)\overline{EI}$$

$$(5\cdot3)$$

したがって，式 (5・2)，(5・3) より図 5・5 の回路構成を得る．

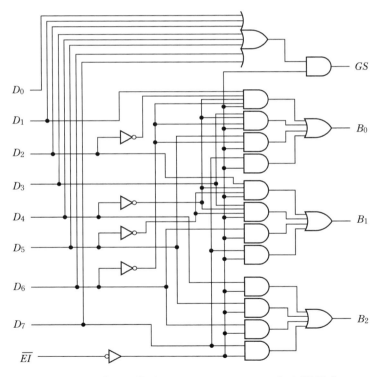

図 5・5 8 進 → 2 進プライオリティエンコーダの回路構成

（3） エンコーダ用 IC

エンコーダ用 IC としては，10進→BCD エンコーダ **SN 74147** や 8 進→2
進エンコーダ **SN 74148** が代表的である．

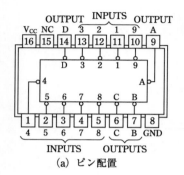

(a) ピン配置

INPUTS									OUTPUTS			
1	2	3	4	5	6	7	8	9	*D*	*C*	*B*	*A*
H	H	H	H	H	H	H	H	H	H	H	H	H
×	×	×	×	×	×	×	×	L	L	H	H	L
×	×	×	×	×	×	×	L	H	L	H	H	H
×	×	×	×	×	×	L	H	H	H	L	L	L
×	×	×	×	×	L	H	H	H	H	L	L	H
×	×	×	×	L	H	H	H	H	H	L	H	L
×	×	×	L	H	H	H	H	H	H	L	H	H
×	×	L	H	H	H	H	H	H	H	H	L	L
×	L	H	H	H	H	H	H	H	H	H	L	H
L	H	H	H	H	H	H	H	H	H	H	H	L

×はHでもLでもよい（don't care）

(b) 真理値表

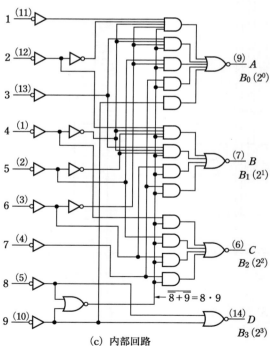

(c) 内部回路

図 5·6 SN74LS/HC147 のピン配置と真理値表および内部回路

①　**SN 74147　入出力共アクティブ L の 10 進→BCD プライオリティエンコーダ** (10-line decimal to 4-line priority encoders) IC で，1 から 9 までの 10 進数を 4 桁の 2 進数に変換する．ピン配置と真理値表および内部回路を**図 5・6** に示す．仮に，$D_3(3)$，$D_5(5)$，$D_6(6)$ を同時にアクティブ L (0) にしても，$DCBA$ $(B_3B_2B_1B_0)$ には $(0110)_2$ を否定した $(1001)_2$ が出力される．

この IC には 0 入力端子がないから，0 入力を認識することができない．そこで，**図 5・7** に示すようにゲートを追加して OR 動作をさせると，入力 0 ～9 までの入力があったことを示す **GS 出力**を取り出すことができる．

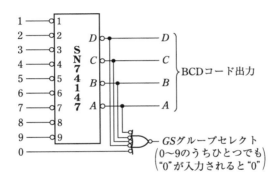

図 5・7　SN74147 に GS 機能を付加した回路

②　**SN 74148　8 進→ 2 進プライオリティエンコーダ** (8-line to 3-line octal priority encoder) で，**入出力共アクティブ L，GS 機能およびイネーブル入力 EI と出力 EO 機能**が内蔵されている．SN 74148 のピン配置と真理値表および内部回路を**図 5・8** に示す．

図 (c) の内部回路から，入力 **EI** に 1 を加えるとすべて AND ゲートは閉じてしまい，入力 0 ～7 のデータと無関係に出力 $A_2 \sim A_0$ $(B_2 \sim B_0)$ はすべて 1 となりエンコーダとして機能しなくなる．このように，ある機能を働かせるか否かの制御信号を**ストローブ** (strobe) または**イネーブル** (enable) という．イネーブル出力 EO が 0 になるのは 0 ～7 の入力がすべて 1 で，かつイネーブル入力 EI が 0 のときであることがわかる．また，グループセレクト GS が 0 になるのは出力 EO が 1 で，かつ入力 EI が 0 のときである．

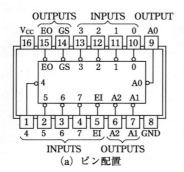

(a) ピン配置

	INPUTS								OUTPUTS				
EI	0	1	2	3	4	5	6	7	A_2	A_1	A_0	GS	EO
H	×	×	×	×	×	×	×	×	H	H	H	H	H
L	H	H	H	H	H	H	H	H	H	H	H	H	L
L	×	×	×	×	×	×	×	L	L	L	L	L	H
L	×	×	×	×	×	×	L	H	L	L	H	L	H
L	×	×	×	×	×	L	H	H	L	H	L	L	H
L	×	×	×	×	L	H	H	H	L	H	H	L	H
L	×	×	×	L	H	H	H	H	H	L	L	L	H
L	×	×	L	H	H	H	H	H	H	L	H	L	H
L	×	L	H	H	H	H	H	H	H	H	L	L	H
L	L	H	H	H	H	H	H	H	H	H	H	L	H

×は don't care

(b) 真理値表

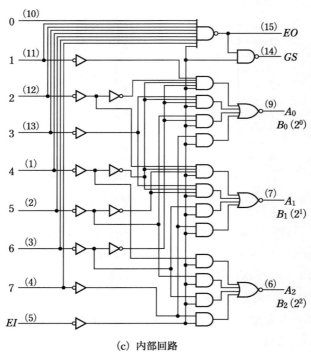

(c) 内部回路

図 5・8 SN74LS/HC148 のピン配置と真理値表および内部回路

5·2 デコーダ

エンコーダとは逆に，BCD コードや 2 進数を 10 進数に変換する回路が**デコーダ**で，コンピュータではアドレスを指定する**アドレスレコーダ**や命令解読デコーダ，BCD コードを 10 進数の文字に表示させるための **7 セグメントデコーダ**など，多種多様のデコーダ IC が市販されている．

(1) 2 進→4 進デコーダの設計

2 進数 2 ビットを 10 進数 0 ～ 3 に変換するデコーダ（2 line to 4 line decoder）を**入出力共アクティブ H** としてブロック図と真理値表を**図 5·9** に示す．

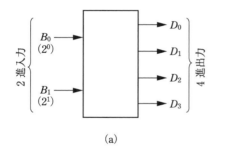

入力		出　力			
B_1	B_0	D_0	D_1	D_2	D_3
0	0	1	0	0	0
0	1	0	1	0	0
1	0	0	0	1	0
1	1	0	0	0	1

(a)　　　　　　　　　　　　(b)

図 5·9　2 進→4 進デコーダのブロック図と真理値表（アクティブ H）

真理値表から以下の論理式を得る．

$$\left.\begin{array}{l} D_0 = \overline{B_1}\,\overline{B_0} = \overline{B_1 + B_0} \\ D_1 = \overline{B_1}B_0 = \overline{B_1 + \overline{B_0}} \\ D_2 = B_1\overline{B_0} = \overline{\overline{B_1} + B_0} \\ D_3 = B_1 B_0 = \overline{\overline{B_1} + \overline{B_0}} \end{array}\right\} \tag{5·4}$$

したがって，**図 5·10** に示すように **AND 構成**と **NOR 構成**の回路を得る．

(2) BCD →10 進デコーダの設計

入出力共アクティブ H とした BCD→10 進デコーダのブロック図と真理値表を**図 5·11** に示す．10 ～ 15 に相当する $(1010)_2$ ～ $(1111)_2$ は BCD コード

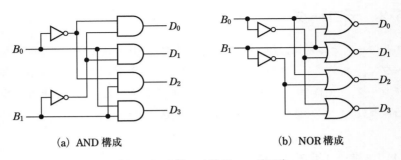

(a) AND 構成　　　　　　　　　　　(b) NOR 構成

図 5·10　2 進→ 4 進デコーダ回路

にはない組み合わせ禁止であるから，カルノー図を用いて各出力の論理式を簡単化するとき，0 または 1（don't care）として扱うことができる．

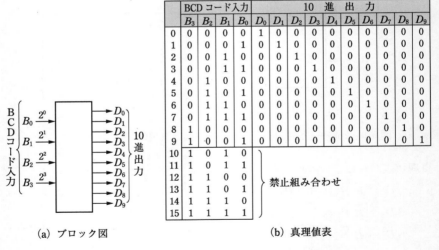

	BCD コード入力				10　進　出　力									
	B_3	B_2	B_1	B_0	D_0	D_1	D_2	D_3	D_4	D_5	D_6	D_7	D_8	D_9
0	0	0	0	0	1	0	0	0	0	0	0	0	0	0
1	0	0	0	1	0	1	0	0	0	0	0	0	0	0
2	0	0	1	0	0	0	1	0	0	0	0	0	0	0
3	0	0	1	1	0	0	0	1	0	0	0	0	0	0
4	0	1	0	0	0	0	0	0	1	0	0	0	0	0
5	0	1	0	1	0	0	0	0	0	1	0	0	0	0
6	0	1	1	0	0	0	0	0	0	0	1	0	0	0
7	0	1	1	1	0	0	0	0	0	0	0	1	0	0
8	1	0	0	0	0	0	0	0	0	0	0	0	1	0
9	1	0	0	1	0	0	0	0	0	0	0	0	0	1
10	1	0	1	0										
11	1	0	1	1										
12	1	1	0	0										
13	1	1	0	1										
14	1	1	1	0										
15	1	1	1	1										

禁止組み合わせ

(a) ブロック図　　　　　　　　　　　(b) 真理値表

図 5·11　BCD →10 進デコーダのブロック図と真理値表

【例題 5·2】　図 5·11 に示す真理値表をもとにして BCD→10 進デコーダの回路を設計せよ．

【解答】

真理値表の 10 進出力 $D_0 \sim D_9$ が 1 のところに着目して以下の論理式を得る.

$$
\begin{aligned}
D_0 &= \overline{B_3}\,\overline{B_2}\,\overline{B_1}\,\overline{B_0} & D_1 &= \overline{B_3}\,\overline{B_2}\,\overline{B_1}B_0 & D_2 &= \overline{B_3}\,\overline{B_2}B_1\overline{B_0} \\
D_3 &= \overline{B_3}\,\overline{B_2}B_1B_0 & D_4 &= \overline{B_3}B_2\overline{B_1}\,\overline{B_0} & D_5 &= \overline{B_3}B_2\overline{B_1}B_0 \\
D_6 &= \overline{B_3}B_2B_1\overline{B_0} & D_7 &= \overline{B_3}B_2B_1B_0 & D_8 &= B_3\overline{B_2}\,\overline{B_1}\,\overline{B_0} \\
D_9 &= B_3\overline{B_2}\,\overline{B_1}B_0
\end{aligned} \tag{5・5}
$$

BCD コードにはない $(1010)_2 \sim (1111)_2$ を **don't care** として扱い, **図 5・12** に示すようにカルノー図を用いて**式 (5・5)** を簡単化すれば次式を得る.

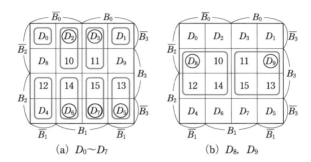

図 5・12 10 進出力 $D_0 \sim D_9$ のカルノー図

$$
\begin{aligned}
D_0 &= \overline{B_3}\,\overline{B_2}\,\overline{B_1}\,\overline{B_0} & D_1 &= \overline{B_3}\,\overline{B_2}\,\overline{B_1}B_0 & D_2 &= \overline{B_2}B_1\overline{B_0} \\
D_3 &= \overline{B_2}B_1B_0 & D_4 &= B_2\overline{B_1}\,\overline{B_0} & D_5 &= B_2\overline{B_1}B_0 \\
D_6 &= B_2B_1\overline{B_0} & D_7 &= B_2B_1B_0 & D_8 &= B_3\overline{B_0} \\
D_9 &= B_3B_0
\end{aligned} \tag{5・6}
$$

したがって,**式 (5・6)** の 10 進出力の論理式から**図 5・13** の回路構成を得る.

(3) デコーダ用 IC

多くのデコーダ用 IC が市販されているが,ここでは **BCD→10 進デコーダ SN 7442**,コンピュータのメモリや入出力ポートのアドレスデコーダとしてよく用いられる **3 ビット BCD→ 8 進デコーダ SN 74138**,および **2 ビット BCD→ 4 進デコーダ SN 74139** について述べる.

① **SN 7442** BCD→10 進(BCD to decimal)デコーダのピン配置と真理値表および内部回路を**図 5・14** に示す.**入力アクティブ H**,**出力アクティブ L** で,組み合わせ禁止の 10 〜 15 に相当するビットパターンでは全出力

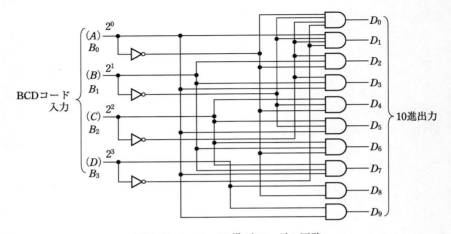

図 5・13　BCD→10 進デコーダの回路

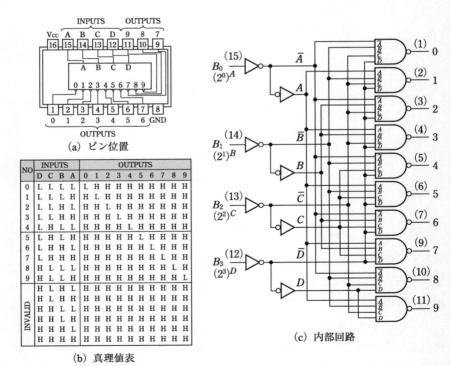

（a）ピン位置

NO	INPUTS				OUTPUTS									
	D	C	B	A	0	1	2	3	4	5	6	7	8	9
0	L	L	L	L	L	H	H	H	H	H	H	H	H	H
1	L	L	L	H	H	L	H	H	H	H	H	H	H	H
2	L	L	H	L	H	H	L	H	H	H	H	H	H	H
3	L	L	H	H	H	H	H	L	H	H	H	H	H	H
4	L	H	L	L	H	H	H	H	L	H	H	H	H	H
5	L	H	L	H	H	H	H	H	H	L	H	H	H	H
6	L	H	H	L	H	H	H	H	H	H	L	H	H	H
7	L	H	H	H	H	H	H	H	H	H	H	L	H	H
8	H	L	L	L	H	H	H	H	H	H	H	H	L	H
9	H	L	L	H	H	H	H	H	H	H	H	H	H	L
INVALID	H	L	H	L	H	H	H	H	H	H	H	H	H	H
	H	L	H	H	H	H	H	H	H	H	H	H	H	H
	H	H	L	L	H	H	H	H	H	H	H	H	H	H
	H	H	L	H	H	H	H	H	H	H	H	H	H	H
	H	H	H	L	H	H	H	H	H	H	H	H	H	H
	H	H	H	H	H	H	H	H	H	H	H	H	H	H

（b）真理値表

（c）内部回路

図 5・14　SN 74 LS/HC 42 のピン配置と真理値表および内部回路

は非アクティブ H（1）となる．図（b）の真理値表から出力 0 〜 9 を D_0 〜 D_9 に対応させて，各出力がアクティブ L（0）となる論理式は次式となる．

$$\left.\begin{array}{lll}
\overline{D_0} = \overline{D}\,\overline{C}\,\overline{B}\,\overline{A} & \overline{D_1} = \overline{D}\,\overline{C}\,\overline{B}A & \overline{D_2} = \overline{D}\,\overline{C}B\overline{A} \\
\overline{D_3} = \overline{D}\,\overline{C}BA & \overline{D_4} = \overline{D}C\overline{B}\,\overline{A} & \overline{D_5} = \overline{D}C\overline{B}A \\
\overline{D_6} = \overline{D}CB\overline{A} & \overline{D_7} = \overline{D}CBA & \overline{D_8} = D\overline{C}\,\overline{B}\,\overline{A} \\
\overline{D_9} = D\overline{C}\,\overline{B}A
\end{array}\right\}\tag{5・7}$$

図（c）の内部回路から式（5・7）の 10 進数出力 0 〜 9 は入力 BCD コードの論理式がそのまま回路化されていることがわかる．入力 D の $\overline{D}$ は出力 0 〜 7 の NAND ゲートに共通に接続されているから，**図 5・15** に示すように D を出力 0 〜 7 を制御するストローブ信号として，入力 A 〜 C（B_0 〜 B_2）の 3 ビットを 0 〜 7 の 8 進数に変換する**2 進→8 進デコーダ**として利用できる．

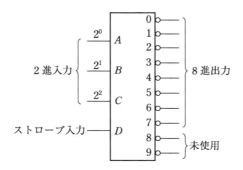

図 5・15　SN7442 を用いた 2 進（3 ビット）→ 8 進デコーダ

②　SN 74138　3 ビット BCD→ 8 進デコーダのピン配置と真理値表および内部回路を**図 5・16** に示す．図（b）の真理値表で示すように，セレクタ入力 A 〜 C を**アクティブ H** でデコードして，**アクティブ L** で Y0 〜 Y7 に出力している．図（c）の回路図からイネーブル条件は G1，G2A，G2B の 3 入力で，G1 = 1，G2A = G2B = 0 のとき全出力の NAND ゲートが開き，セレクト入力 A 〜 C のビットパターンによるデコード値に相当した出力だけが

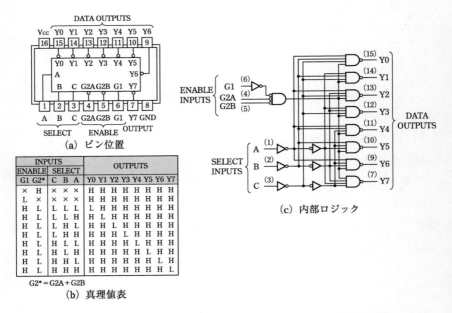

(a) ピン位置

(b) 真理値表

INPUTS				OUTPUTS							
ENABLE		SELECT									
G1	G2*	C	B	A	Y0	Y1	Y2	Y3	Y4	Y5	Y6	Y7
×	H	×	×	×	H	H	H	H	H	H	H	H
L	×	×	×	×	H	H	H	H	H	H	H	H
H	L	L	L	L	L	H	H	H	H	H	H	H
H	L	L	L	H	H	L	H	H	H	H	H	H
H	L	L	H	L	H	H	L	H	H	H	H	H
H	L	L	H	H	H	H	H	L	H	H	H	H
H	L	H	L	L	H	H	H	H	L	H	H	H
H	L	H	L	H	H	H	H	H	H	L	H	H
H	L	H	H	L	H	H	H	H	H	H	L	H
H	L	H	H	H	H	H	H	H	H	H	H	L

G2* = G2A + G2B

(c) 内部ロジック

図 5·16   SN 74 LS/HC 138 のピン配置と真理値表および内部回路

0 となる. イネーブル条件がひとつでも合わないと全出力の NAND ゲート
が閉じて全出力が 1 となり, デコーダとして機能しなくなる.

　SN 74138 は 3 to 8-Line Decoder/Demultiplexer と表記してあるように,
1 入力 8 出力の**デマルチプレクサ**としても使用できる. デマルチプレクサと
しての働きについては後述する.

　③　SN 74139　2 進 2 ビット 4 進デコーダを 1 チップに 2 回路内蔵して
いて, ピン配置と真理値表および内部回路を**図 5·17** に示す. イネーブル入
力 G が L のとき各 NAND ゲートが開き, セレクタ入力で選ばれた出力が L
となる. なお, **74139** は **Dual 2 to 4-Line Decoder/Demultiplexer** と表
記されているが, デマルチプレクサとしての働きについては後述する.

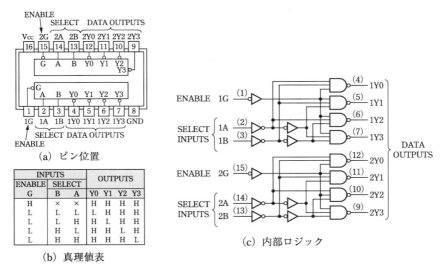

図 **5·17** SN 74 LS/HC 139 のピン配置と真理値表および内部回路

5·3 7セグメントデコーダと表示回路

ディジタル回路で扱っている 2 進数のデータを 0 ～ 9 の 10 進数で表示したい場合がある．電卓やディジタル時計の表示がその例で，LED や液晶を用いた表示素子が用いられる．ここでは，**7 セグメント LED 表示素子**と BCD コードの 2 進数を 0 ～ 9 の 10 進数に表示させるための**7 セグメントデコーダ**について述べる．

(1) 7セグメント LED 表示素子

図 **5·18**（a）に示すように 7 個の LED を 8 の字状に配置し，それぞれのセグメントに *a* から *g* まで記号付けしておいて，図（b）に示す特定の LED に電流を流すことで目的の数字を発光表示させることができる．

7 セグメント LED 素子にはダイオードのアノードを共通にした図（c）の**アノードコモン形**とカソードを共通にした図（d）の**カソードコモン形**がある．

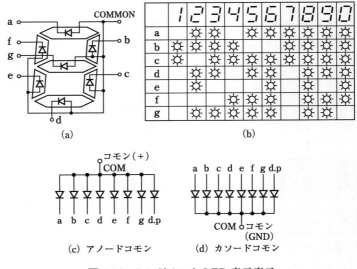

(a) (b)

(c) アノードコモン (d) カソードコモン

図 5・18 7 セグメント LED 表示素子

(2) BCD → 7 セグメントデコーダの設計

BCD コードに対応して 10 進数の数字 0 〜 9 を表示させる回路の設計を考える．**アノードコモン**の LED を使用して点灯すべきセグメント a 〜 g を **L**

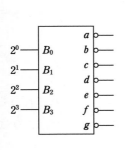

BCD入力				7セグメント用出力							表示
B_3	B_2	B_1	B_0	a	b	c	d	e	f	g	
0	0	0	0	0	0	0	0	0	0	1	0
0	0	0	1	1	0	0	1	1	1	1	1
0	0	1	0	0	0	1	0	0	1	0	2
0	0	1	1	0	0	0	0	1	1	0	3
0	1	0	0	1	0	0	1	1	0	0	4
0	1	0	1	0	1	0	0	1	0	0	5
0	1	1	0	0	1	0	0	0	0	0	6
0	1	1	1	0	0	0	1	1	0	1	7
1	0	0	0	0	0	0	0	0	0	0	8
1	0	0	1	0	0	0	0	1	0	0	9

(a) ブロック図 (b) 真理値表

図 5・19 BCD-7 セグメントデコーダのブロック図と真理値表

アクティブ，すなわち **0 で点灯，1 で消灯**のブロック図と真理値表を**図 5・19**
に示す．

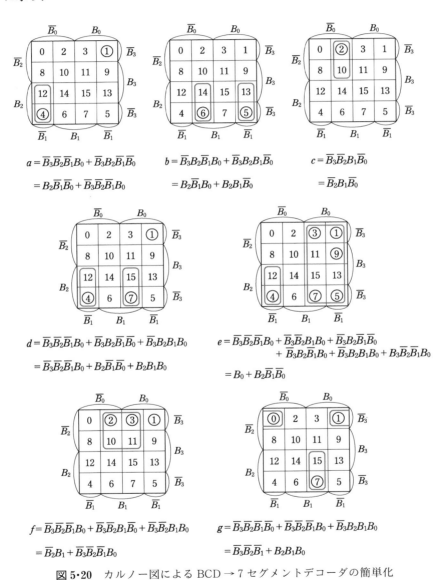

$a = \overline{B_3}\,\overline{B_2}\,\overline{B_1}\,\overline{B_0} + \overline{B_3}\,B_2\,\overline{B_1}\,B_0$

$\quad = B_2\,\overline{B_1}\,\overline{B_0} + \overline{B_3}\,\overline{B_2}\,\overline{B_1}\,B_0$

$b = \overline{B_3}\,B_2\,\overline{B_1}\,B_0 + \overline{B_3}\,B_2\,B_1\,\overline{B_0}$

$\quad = B_2\,\overline{B_1}\,B_0 + B_2\,B_1\,\overline{B_0}$

$c = \overline{B_3}\,\overline{B_2}\,B_1\,\overline{B_0}$

$\quad = \overline{B_2}\,B_1\,\overline{B_0}$

$d = \overline{B_3}\,\overline{B_2}\,\overline{B_1}\,B_0 + \overline{B_3}\,B_2\,\overline{B_1}\,\overline{B_0} + \overline{B_3}\,B_2\,B_1\,B_0$

$\quad = \overline{B_3}\,\overline{B_2}\,\overline{B_1}\,B_0 + B_2\,\overline{B_1}\,\overline{B_0} + B_2\,B_1\,B_0$

$e = \overline{B_3}\,\overline{B_2}\,\overline{B_1}\,B_0 + \overline{B_3}\,\overline{B_2}\,B_1\,B_0 + \overline{B_3}\,B_2\,\overline{B_1}\,\overline{B_0}$
$\quad\quad + \overline{B_3}\,B_2\,\overline{B_1}\,B_0 + \overline{B_3}\,B_2\,B_1\,B_0 + B_3\,\overline{B_2}\,\overline{B_1}\,B_0$

$\quad = B_0 + B_2\,\overline{B_1}\,\overline{B_0}$

$f = \overline{B_3}\,\overline{B_2}\,B_1\,B_0 + \overline{B_3}\,B_2\,\overline{B_1}\,\overline{B_0} + \overline{B_3}\,\overline{B_2}\,B_1\,B_0$

$\quad = \overline{B_2}\,B_1 + \overline{B_3}\,\overline{B_2}\,\overline{B_1}\,B_0$

$g = \overline{B_3}\,\overline{B_2}\,\overline{B_1}\,\overline{B_0} + \overline{B_3}\,\overline{B_2}\,\overline{B_1}\,B_0 + \overline{B_3}\,B_2\,B_1\,B_0$

$\quad = \overline{B_3}\,\overline{B_2}\,\overline{B_1} + B_2\,B_1\,B_0$

図 5・20　カルノー図による BCD → 7 セグメントデコーダの簡単化

【例題 5・3】　図 5・19 に示す真理値表から BCD → 7 セグメントデコーダの回路を設計せよ.

【解答】　図 5・19 の真理値表から各セグメントの 1 に着目して論理式を導き, 対応する BCD コードを 10 進数に変換して 4 変数のカルノー図に記入したのが**図 5・20** である.

さらに BCD コードにない 10 〜 15 に相当する $(1010)_2$ 〜 $(1111)_2$ をループで囲むことによって, セグメント a 〜 g の論理式の簡単化を同じく図 5・20 のカルノー図に示す. したがって, **図 5・21** の **BCD → 7 セグメントデコーダ**の回路構成を得る.

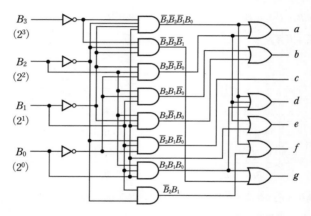

図 5・21　BCD → 7 セグメントデコーダの回路構成

(3)　BCD → 7 セグメントデコーダ IC

BCD コードを 10 進数字の 7 セグメント LED に点灯させる代表的なデコーダ IC に **SN 74 LS 47** がある. ピン配置を**図 5・22** (a) に, 7 セグメント LED 表示器との接続を図 (b) に示す. 74 LS 47 の出力 a 〜 g はオープンコレクタ出力であるから, 各セグメントの LED と直列に電流制限用の抵抗を接続して使用する. 10 mA 程度の電流で LED は点灯するから電源電圧 5 V, LED の順方向電圧を約 2 V として, 抵抗は約 300 Ω となる.

$\overline{\text{LT}}$ 端子は LED のランプテスト用で, L (0) レベルにすると他の入力状態

レクサの真理値表と回路を**図 5·28**に示す．4 出力であるからセレクタ端子
は 2 つ必要で，例えば $B=1$，$A=1$ であれば，入力データ D は端子 O_3 に
出力される．

B	A	O_0	O_1	O_2	O_3
0	0	D	0	0	0
0	1	0	D	0	0
1	0	0	0	D	0
1	1	0	0	0	D

(a) 真理値表

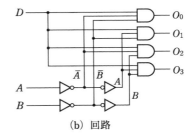

(b) 回路

図 5·28 4 出力デマルチプレクサ

(4) デマルチプレクサ用 IC

① **SN 74138 3 to 8-Line Decoder/Demultiplexer** と記載されている
ようにデマルチプレクサとしても動作させることができる．**図 5·29**に示す
ように，イネーブル入力 G1 を V_{CC} にプルアップして，G2A と G2B のいず
れかをグラウンドにプルダウンして他方をデータ入力 G とすれば，データ
入力 G をセレクト入力 A ～ C で指定された出力 Y0 ～ Y7 に出力させるこ
とができる．p.108 の図 5·16 参照のこと．

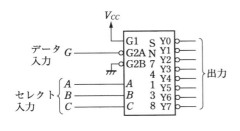

(a) 回路図

セレクト入力			出　力							
C	B	A	Y0	Y1	Y2	Y3	Y4	Y5	Y6	Y7
0	0	0	G	1	1	1	1	1	1	1
0	0	1	1	G	1	1	1	1	1	1
0	1	0	1	1	G	1	1	1	1	1
0	1	1	1	1	1	G	1	1	1	1
1	0	0	1	1	1	1	G	1	1	1
1	0	1	1	1	1	1	1	G	1	1
1	1	0	1	1	1	1	1	1	G	1
1	1	1	1	1	1	1	1	1	1	G

(b) 真理値表

図 5·29 SN74138 のデマルチプレクサとしての使い方

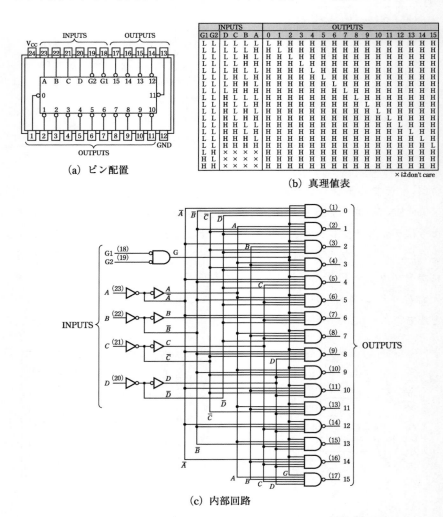

② **SN 74139**　図 5·28 の AND ゲートを NAND ゲートに置き換えれば図 5·17（c）の回路構成と全く同様であることがわかる．すなわち，イネーブル G をデータ入力として出力はセレクタ入力 AB で選択され，入力 G が Y に出力される．例えば，BA ＝ 01 であれば出力 Y1 が選択され，G ＝ 0 の

(a) ピン配置

INPUTS						OUTPUTS															
G1	G2	D	C	B	A	0	1	2	3	4	5	6	7	8	9	10	11	12	13	14	15
L	L	L	L	L	L	L	H	H	H	H	H	H	H	H	H	H	H	H	H	H	H
L	L	L	L	L	H	H	L	H	H	H	H	H	H	H	H	H	H	H	H	H	H
L	L	L	L	H	L	H	H	L	H	H	H	H	H	H	H	H	H	H	H	H	H
L	L	L	L	H	H	H	H	H	L	H	H	H	H	H	H	H	H	H	H	H	H
L	L	L	H	L	L	H	H	H	H	L	H	H	H	H	H	H	H	H	H	H	H
L	L	L	H	L	H	H	H	H	H	H	L	H	H	H	H	H	H	H	H	H	H
L	L	L	H	H	L	H	H	H	H	H	H	L	H	H	H	H	H	H	H	H	H
L	L	L	H	H	H	H	H	H	H	H	H	H	L	H	H	H	H	H	H	H	H
L	L	H	L	L	L	H	H	H	H	H	H	H	H	L	H	H	H	H	H	H	H
L	L	H	L	L	H	H	H	H	H	H	H	H	H	H	L	H	H	H	H	H	H
L	L	H	L	H	L	H	H	H	H	H	H	H	H	H	H	L	H	H	H	H	H
L	L	H	L	H	H	H	H	H	H	H	H	H	H	H	H	H	L	H	H	H	H
L	L	H	H	L	L	H	H	H	H	H	H	H	H	H	H	H	H	L	H	H	H
L	L	H	H	L	H	H	H	H	H	H	H	H	H	H	H	H	H	H	L	H	H
L	L	H	H	H	L	H	H	H	H	H	H	H	H	H	H	H	H	H	H	L	H
L	L	H	H	H	H	H	H	H	H	H	H	H	H	H	H	H	H	H	H	H	L
L	H	×	×	×	×	H	H	H	H	H	H	H	H	H	H	H	H	H	H	H	H
H	L	×	×	×	×	H	H	H	H	H	H	H	H	H	H	H	H	H	H	H	H
H	H	×	×	×	×	H	H	H	H	H	H	H	H	H	H	H	H	H	H	H	H

×は don't care

(b) 真理値表

(c) 内部回路

図 5·30　SN74LS/HC154 のピン配置と真理値表および内部回路概要

とき $Y1 = 0$, $G = 1$ のとき $Y1 = 1$ として入力 G が $Y1$ に出力される．p.109 の図5・17 参照のこと．

③　**SN 74154**　SN 74154 は **4 to 16-Line Decoder/Demultiplexer** と表記され，4 to 16-Line デコーダとして，また 1 to 16-Line デマルチプレクサとして動作させることができる．ピン配置図，真理値表と内部回路構成を**図5・30**に示す．

●**デコーダ**として動作させるには，入力 G1 と G2 をともにグラウンドにプルダウンさせるかストローブ入力として使い，**アクティブ H** で入力 $A \sim D$ をデコードして，0 ～ 15 の出力へ**アクティブ L** で出力させる．

●**デマルチプレクサ**として動作させるには，データ入力用に 2 本の G1 と G2 を用い，一方をグラウンドにプルダウンして使うか，またはストローブとして使うことができる．入力 $A \sim D$ で出力を選択して入力データを出力する．

④　**SN 74155**　74155 は **Dual 2 to 4-Line Decoder/Demultiplexer** と表記されていて，以下 4 通りの使い方が可能な IC である．ピン配置図と真理値表および内部回路を**図5・31**に示す．出力 1Y0 ～ 1Y3 のストローブ信号 1G・1C と出力 2Y0 ～ 2Y3 のストローブ信号 2C・2G の 2 回路からなり，セレクタ入力 A, B は両回路に共通になっている．

●**Dual 2-Line to 4-Line Decoder の使い方**

ストローブ入力 1G に 0，1C に 1 を入力すると，出力 1Y0 ～ 1Y3 のゲートが開き，セレクト入力 A と B のビットパターンをデコードしてアクティブ L で出力する．仮に $BA = 00$ とすると 1Y0 のみ 0 で 1Y1 ～ 1Y3 は 1 となる．同様に，入力 2G = 2C = 0 で出力 2Y0 ～ 2Y3 のゲートが開き，入力 A と B のビットパターンで決まる出力のみが 0 で他の出力は 1 となる．

●**Dual 1-Line to 4-Line Demultiplexer の使い方**

入力データはそれぞれ 1C，2 C に与えて，セレクト入力 B, A によって出力の選択を行う．出力 1Y0 ～ 1Y3 と 2Y0 ～ 2Y3 には 1C の反転，2C のデータが出力され，1G と 2G のストローブ入力は 2 回路の出力選択に用いる．

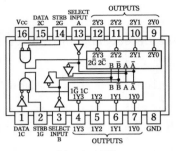

(a) ピン配置

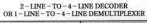

2 – LINE – TO – 4 – LINE DECODER
OR 1 – LINE – TO – 4 – LINE DEMULTIPLEXER

INPUTS			OUTPUTS			
SELECT	STROBE	DATA	1Y0	1Y1	1Y2	1Y3
B A	1G	1C				
× ×	H	×	H	H	H	H
L L	L	H	L	H	H	H
L H	L	H	H	L	H	H
H L	L	H	H	H	L	H
H H	L	H	H	H	H	L
× ×	×	L	H	H	H	H

INPUTS			OUTPUTS			
SELECT	STROBE	DATA	2Y0	2Y1	2Y2	2Y3
B A	2G	2C				
× ×	H	×	H	H	H	H
L L	L	L	L	H	H	H
L H	L	L	H	L	H	H
H L	L	L	H	H	L	H
H H	L	L	H	H	H	L
× ×	×	H	H	H	H	H

(その1)

3 – LINE – TO – 8 – LINE DECODER
OR 1 – LINE – TO – 8 – LINE DEMULTIPLEXER

INPUTS				OUTPUTS							
SELECT			STROBE OR DATA	(0)	(1)	(2)	(3)	(4)	(5)	(6)	(7)
C	B	A	G	2Y0	2Y1	2Y2	2Y3	1Y0	1Y1	1Y2	1Y3
×	×	×	H	H	H	H	H	H	H	H	H
L	L	L	L	L	H	H	H	H	H	H	H
L	L	H	L	H	L	H	H	H	H	H	H
L	H	L	L	H	H	L	H	H	H	H	H
L	H	H	L	H	H	H	L	H	H	H	H
H	L	L	L	H	H	H	H	L	H	H	H
H	L	H	L	H	H	H	H	H	L	H	H
H	H	L	L	H	H	H	H	H	H	L	H
H	H	H	L	H	H	H	H	H	H	H	L

C = inputs 1C and 2C connected together
G = inputs 1G and 2G connected together
H = high level, L = low level, × = irrelevant

(その2)

(c) 内部回路   (b) 真理値表

図 5·31   SN74155 のピン配置図と内部回路

真理値表 (その 2) の

● 3-Line to 8-Line Decoder の使い方

● 1-Line to 8-Line Demultiplexer の使い方

については，章末問題とする．

第 5 章　演 習 問 題

【5.1】2 つの数値データ A, B を比較して $A>B$, $A=B$, $A<B$ のときそれぞれ 1 を出力する回路を**比較器**（comparator）という．**図問 5.1** のブロック図と真理値表から 1 ビットの比較回路を設計せよ．

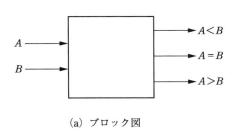

（a）ブロック図

入力		出力		
A	B	$A<B$	$A=B$	$A>B$
0	0	0	1	0
0	1	1	0	0
1	0	0	0	1
1	1	0	1	0

（b）真理値表

図問 5.1

【5.2】**図問 5.2** はエンコーダの前段に挿入して，4 ビット入力に優先度をもたせて 1 入力を選択するプライオリティ回路である．回路動作を説明せよ．

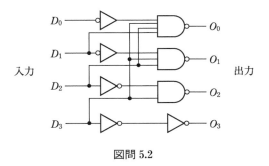

図問 5.2

【5.3】マルチプレクサ用 IC 74151 を 2 つ用いて 16 入力 1 出力マルチプレクサを構成せよ．

【**5.4**】図 5·31 のデコーダ/デマルチプレクサ用 IC 74155 を用いて，3–Line to 8–Line Decoder の使い方を説明せよ.

【**5.5**】同じく 74155 を用いて，1–Line to 8–Line Demultiplexer の使い方を説明せよ.

```
    22              010110  ←被減数 (22)₁₀
 −) 45     ⇒     +) 010011  ←減数 (45)₁₀ の 2 の補数
   −23             101001  ←桁上げがないから答は負，(−23)₁₀ の 2 の補数表現
                     ↓      ←2 の補数をとって負符号
                 −010111  ←答 (−23)₁₀
```

1 と 2 の補数を用いた減算例

　すなわち，1 の補数を用いたとき，最上位で桁上げがあった場合加算結果は正で，この循環桁上げを最下位桁に回して加算しなければならない．この循環桁上げがない場合は負で，結果は 1 の補数として出力され，その出力の 1 の補数を求めれば絶対値が得られる．

　2 の補数を用いたとき，加算結果で最上位桁に桁上げを生じた場合は正で，その桁上げは無視する．結果が負の場合は桁上げは生じないで，2 の補数で出力し，さらに 2 の補数を求めれば絶対値が得られる．

　図 **6・14** は 4 ビットの加算・減算の両方が可能な演算回路を示していて，桁数に相当する全加算器と 1 の補数器の EX–OR で構成されている．

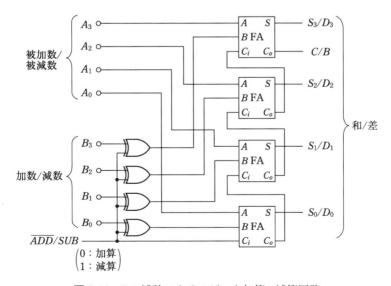

図 6・14　2 の補数による 4 ビット加算・減算回路

　モード制御信号を"0"にすると EX-OR ゲート出力には加減数 B がそのまま現われ，桁上げ入力 $C_i = 0$ として加算演算が行われる．また，モード制御信号を"1"にすると EX-OR ゲート出力には加減数 B の1の補数が現われ，桁上げ入力 $C_i = 1$ であるから2の補数による加算，すなわち減算が行われる．

　4ビット全加算器 IC **SN 74283** を用いた加算・減算の両方が可能な演算回路を**図 6·15** に示す．同様にモード制御信号を"0"にすると，桁上げ入力 C_i $= 0$ として加算演算が行われ，モード制御信号を"1"にすると EX-OR ゲート出力には加減数 B の1の補数が現われ，桁上げ入力 $C_i = 1$ で2の補数による加算，すなわち減算が行われる．

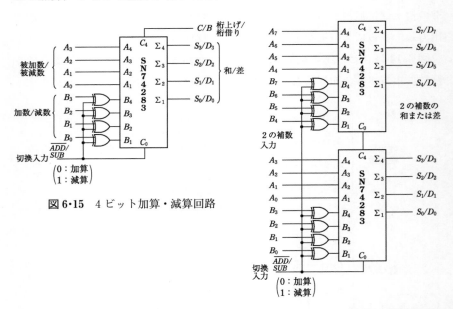

図 6·15　4ビット加算・減算回路

図 6·16　8ビット加算・減算回路

　図 6·16 に示すように，さらに **SN 74283** を2個，EX-OR ゲートを8個用いて8ビットの並列加算・減算回路を構成することができる．

6·4　BCD の加算回路

2 進数では桁数が増えるに従って，10 進数との相互変換が面倒になる．そこで，2 進数で 10 進数を簡単に表す方法として，**2 進化 10 進法**（Binary Coded Decimal：BCD）についてはすでに第 2 章で述べた．

この方法は 10 進数の各桁を 4 ビットの 2 進数で表したもので，2 進数の各桁の重みが 8-4-2-1 であることから，**8421 符号**とも呼ばれている．

この BCD コード化された数値の加算を行う場合も 2 進数の加算器で可能であるが，BCD の 1 桁が 10 進数 1 桁の 0〜9 を表しているから，加算結果は 0〜18（桁上げを考慮すれば 19）となる．2 進数加算器の出力が 0〜9 のときは，そのまま BCD 加算器の出力としてよいが，10〜18 が現れたら以下の BCD 加算例で示すように，桁上げの操作を行うと同時に 2 進数の和から 10（1010_2）を引く代わりに，（1010_2）の 2 の補数である 6（0110_2）を加算して補正しなければならない．

$$
\begin{array}{rr}
3 & 0011 \\
+)\ 4 & +)\ 0100 \\
\hline
7 & 0111
\end{array}
$$

$$
\begin{array}{rl}
8 & 1000 \\
+)\ 7 & +)\ 0111 \\
\hline
15 & 1111 \quad \leftarrow 無効な\ BCD\ コード(15)_{10}(>9) \\
& +)\ 0110 \quad \leftarrow (6)_{10}を加える \\
\cline{2-2}
& 10101 \\
& \qquad \therefore 0001\ 0101
\end{array}
$$

$$
\begin{array}{rl}
8 & 1000 \\
+)\ 9 & +)\ 1001 \\
\hline
17 & 10001 \quad \leftarrow キャリー発生で無効な\ BCD\ コード \\
& +)\ 0110 \quad \leftarrow (6)_{10}を加える \\
\cline{2-2}
& 10111 \\
& \qquad \therefore 0001\ 0111
\end{array}
$$

1 桁 BCD コード加算の例

表 6·1 から明らかなように，2 進数加算器の出力に 10〜15 が現れるのは $S_3{}'$ と $S_2{}'$ のビットがともに 1 のときか，$S_3{}'$ と $S_1{}'$ ビットがともに 1 のときである．次に，16〜19 では桁上げ $C_3{}'$ が 1 のときで，同様の補正を行い，桁上げはそのまま BCD の桁上げ出力とすればよい．

表 6·1　2 進数出力と BCD コード出力

10進数	2　進　出　力					BCD コード出力				
	$C_3{}'$	$S_3{}'$	$S_2{}'$	$S_1{}'$	$S_0{}'$	C_3	S_3	S_2	S_1	S_0
0	0	0	0	0	0	0	0	0	0	0
1	0	0	0	0	1	0	0	0	0	1
2	0	0	0	1	0	0	0	0	1	0
3	0	0	0	1	1	0	0	0	1	1
4	0	0	1	0	0	0	0	1	0	0
5	0	0	1	0	1	0	0	1	0	1
6	0	0	1	1	0	0	0	1	1	0
7	0	0	1	1	1	0	0	1	1	1
8	0	1	0	0	0	0	1	0	0	0
9	0	1	0	0	1	0	1	0	0	1
10	0	1	0	1	0	1	0	0	0	0
11	0	1	0	1	1	1	0	0	0	1
12	0	1	1	0	0	1	0	0	1	0
13	0	1	1	0	1	1	0	0	1	1
14	0	1	1	1	0	1	0	1	0	0
15	0	1	1	1	1	1	0	1	0	1
16	1	0	0	0	0	1	0	1	1	0
17	1	0	0	0	1	1	0	1	1	1
18	1	0	0	1	0	1	1	0	0	0
19	1	0	0	1	1	1	1	0	0	1

（10進補正不要：0〜9，10進補正必要：10〜19）

4 ビット 2 進数並列加算器と 10 以上の検出回路および **10 進（＋6）補正回路**で構成された 10 進 1 桁の並列 BCD 加算回路を**図 6·17** に示す．

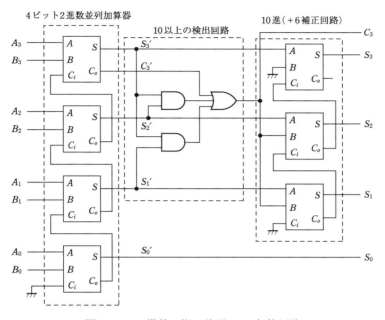

図 6·17 10 進数 1 桁の並列 BCD 加算回路

6·5 乗算回路

2 進数乗算の基本演算は次の 4 つで, 2 入力 AND ゲートの動作と同じである.

$$
\begin{array}{r} 0 \\ \times)\ 0 \\ \hline 0 \end{array}
\qquad
\begin{array}{r} 0 \\ \times)\ 1 \\ \hline 0 \end{array}
\qquad
\begin{array}{r} 1 \\ \times)\ 0 \\ \hline 0 \end{array}
\qquad
\begin{array}{r} 1 \\ \times)\ 1 \\ \hline 1 \end{array}
$$

計算例で明らかなように 2 進数は 1 と 0 のみで, 乗数の桁が 1 のときは被乗数をそのまま残し, 0 のときは何もしないという二つの操作が基本になり, あとは 1 桁ずつ移動して次々と加算を行えばよい. また, 4 桁と 4 桁の乗算では, 積は最大 8 桁になる.

$$13 \times 11 = 143$$

$$\begin{array}{r} 13 \\ \times\ \ 11 \\ \hline 13 \\ 13 \\ \hline 143 \end{array}$$

```
         1101  …被乗数
    ×)  1011  …乗数
    ─────────
         1101
        1101
       0000
    +) 1101
    ─────────
      10001111
```

乗算の例

　乗算回路には主なものとして，直列乗算回路と並列乗算回路などがある．ここでは被乗数，乗数ともに正数として説明する．

(1)　直列乗算回路

　例で示したように，被乗数に乗数最下位の桁から順に一桁ごとに乗算して最後にそれらを加え合わせる操作を回路化すればよい．4 ビット×4 ビットの乗算を例にして，乗算の手順を**図 6·18** に示す．

　レジスタを 4 個用意しておいて，レジスタ *A* に被乗数，レジスタ *C* に乗数，レジスタ *K* には 4 ビットの計算であるから $(100)_2 = (4)_{10}$ を，レジスタ *B* は最初は全ビットを"0"にしておく．*C* レジスタの最下位ビットが 1

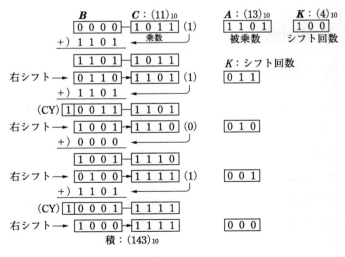

図 6·18　直列乗算の動作例（$13 \times 11 = 143$）

であれば，**A** と **B** のレジスタを加算して **B** に格納し，0 であれば加算をしないで **BC** レジスタを 1 ビット右シフトして，次に **C** レジスタの最下位ビットを調べる．

このとき，加算結果でキャリーが生じなければ **BC** レジスタの MSB に 0 を，生じたときは 1 を入れて右シフトする．また，一桁シフトするごとに **K** カウンタの数から 1 を引き，**K** カウンタがゼロになったとき，すなわち 4 回シフトして乗算は終了して，積は 8 ビット **BC** レジスタの内容となる．以上の動作の回路構成を**図 6·19** (a) に，フローチャートを図 (b) に示す．

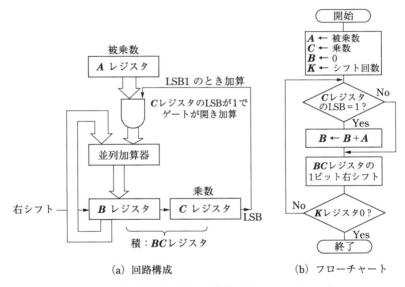

(a) 回路構成　　　　(b) フローチャート

図 6·19　直列乗算回路の回路構成とフローチャート

(2)　並列乗算回路

以下に示す 4 ビットの計算過程からも明らかなように，被乗数 **A** と乗数 **B** との各桁ごとの AND 動作の部分積を作り，これらを順に 1 ビットずつ左にずらして加算すれば，最終的な積を求めることができる．

$$
\begin{array}{r}
1101 \cdots (13)_{10} \\
\times) \ 1011 \cdots (11)_{10} \\
\hline
1101 \\
+) \ 1101 \\
\hline
100111 \\
+) \ 0000 \\
\hline
100111 \\
+) \ 1101 \\
\hline
10001111 \cdots (143)_{10}
\end{array}
\qquad
\begin{array}{r}
a_3 \quad a_2 \quad a_1 \quad a_0 \leftarrow A \\
\times) \ b_3 \quad b_2 \quad b_1 \quad b_0 \leftarrow B \\
\hline
a_3b_0 \ a_2b_0 \ a_1b_0 \ a_0b_0 \\
+) \ a_3b_1 \ a_2b_1 \ a_1b_1 \ a_0b_1 \\
\hline
C_4 \ S_4 \ S_3 \ S_2 \ S_1 \ S_0 \leftarrow \Sigma_1 \\
+) \ a_3b_2 \ a_2b_2 \ a_1b_2 \ a_0b_2 \\
\hline
C_5 \ S_5 \ S_4' \ S_3' \ S_2' \ S_1 \ S_0 \leftarrow \Sigma_2 \\
+) \ a_3b_3 \ a_2b_3 \ a_1b_3 \ a_0b_3 \\
\hline
C_6 \ S_6 \ S_5' \ S_4'' \ S_3'' \ S_2' \ S_1 \ S_0 \leftarrow A \times B
\end{array}
$$

2 進数 4 桁の乗算

　各桁の 2 進数被乗数 A，乗数 B の部分積を求めるため AND ゲートと，これらの部分積を加算していくための 4 ビット並列加算器を**図 6·20** のように組み合わせれば，並列乗算回路を構成することができる．部分積は 1 ビットずつ上位へずらして加算しなければならないから，加算器は 1 ビット分左側へずらしてある．

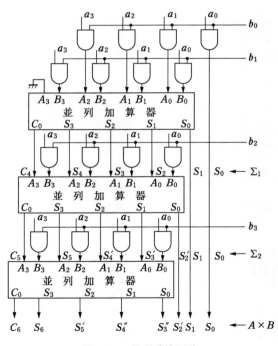

図 6·20　並列乗算回路

6·6 除算回路

　2進数の除算を筆算で行うには，計算例のように被除数 A の上位桁から順に除数 B を引いていき，もし引けたら商に 1，引けなければ 0 を立てて，次の桁に進んで行く．このように減算と桁移動を繰り返していくと，最後に商 Q と余り R が得られるが，この除算演算には 2 つの方法がある．

$$52 \div 5 = 10 \cdots 2$$
$$(A)\,(B)\ \ (Q)\ (R)$$

$$除数\ \underline{\hphantom{0}1010\hphantom{0}}\ \cdots\cdots 商\,(Q)$$
$$0101\,)\overline{0110100}\ \cdots\cdots 被除数\,(A)$$
$$(B)\quad \underline{0101\hphantom{00}}$$
$$\qquad 0011$$
$$\qquad \underline{0110}$$
$$\qquad \ \ \underline{0101}$$
$$\qquad \quad 0010\ \cdots\cdots 余り\,(R)$$

除算の例

（a）　引き戻し法　　　　　　　（b）　引き放し法

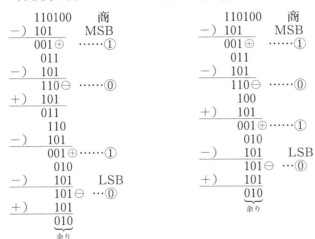

引き戻し法と引き放し法の計算例

（1）　引き戻し法

　計算例（a）のように被除数の上位桁から除数を引いてその余りが正か 0 なら商は 1，余りが負であれば商は 0 で引いた除数を加えて前の状態に戻し

て，次の桁へ移動して減算を行っている．この方法を**引き戻し法**という．ただし最後の商が 0 のとき，もう一度除数を加算して補正する必要がある．

(2)　引き放し法

　計算例 (b) に示すように被除数から除数を引けなかったとき，除数を加えてもとに戻すことはせずに，そのまま次の桁で除数を加えても同じ結果が得られる．このような方法を**引き放し法**という．同じく最後の商が 0 のとき，もう一度除数を加算して補正する．

　除算はシフトと減算の繰返しによって実行されるから，シフトレジスタおよび減算器によって構成できる．なお，シフトレジスタについては第 9 章で学習する．

　一例として，被除数 $A = 00110100$ の上位 4 ビットを R レジスタ，下位 4

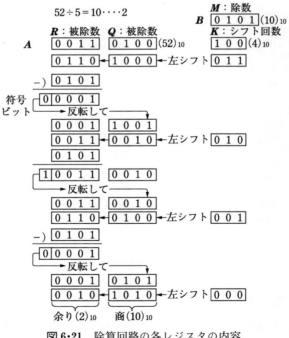

図 6・21　除算回路の各レジスタの内容

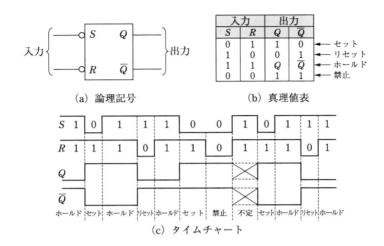

(a) 論理記号 (b) 真理値表

(c) タイムチャート

図 7·6 NAND ゲート RS-FF の論理記号と真理値表タイムチャート

タイムチャートで，特に $S = 0$，$R = 0$ の禁止入力から同時に $S = 1$，$R = 1$ とすると出力 Q，$\overline{Q}$ は不定となることに注意しよう．

(2) NOR ゲートによる RS-FF

図 7·3 (b) で示した NOR ゲート RS-FF の入力 S，R に 1 と 0 を加えて，**図 7·7 で回路動作を考えてみよう．NOR ゲートは入力のどちらかまたは両方が 1 で出力 0，両方の入力 0 で出力 1 の動作をすると考えればよい．**

① $S = 1$，$R = 0$ のとき：ゲート 2 の入力に 1 があるから出力 $\overline{Q}$ は必ず 0 となる．したがって，ゲート 1 の入力は 0，0 となり出力 Q は 1 の**セット状態で安定する．**

② $S = 0$，$R = 1$ のとき：ゲート 1 の入力に 1 があるから出力 Q は必ず 0 となる．したがって，ゲート 2 の入力は 0，0 となり出力 $\overline{Q}$ は 1 の**リセット状態で安定する．**

③ $S = 0$，$R = 0$ のとき：出力 Q，$\overline{Q}$ によって状態が決まる．ゲート 1 の出力 Q が 0 のときゲート 2 の入力は 0，0 で出力 $\overline{Q}$ は 1 となる．また，ゲート 1 の入力は 0，1 で出力 Q は 0 で安定する．逆にゲート 1 の出力 Q が

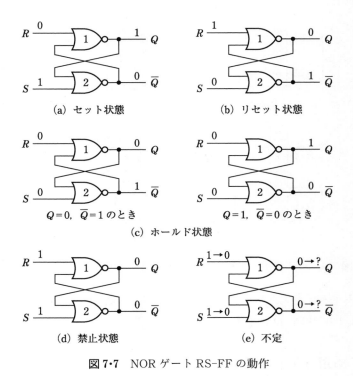

図 7·7　NOR ゲート RS-FF の動作

1 のときゲート 2 の入力は 0, 1 で出力 $\overline{Q}$ は 0 で安定する. すなわち, **前の状態を保持する**.

④　**$S=1$, $R=1$ のとき**：ゲート 1 と 2 の入力は 1 であるから, 出力 Q と $\overline{Q}$ ともに 0 となる. しかし, 次に両入力を同時に 0 にすると, 出力 Q と $\overline{Q}$ が 1 になるか 0 になるかは不定となるから禁止され, これを**禁止入力**という.

以上, NAND ゲート FF とは逆に $S=1$, $R=0$ でセット状態, $S=0$, $R=1$ でリセット状態となるアクティブ H(1) の動作であるから, 論理記号を図 **7·8** (a) のように表している. また, 真理値表を図 (b) に, タイムチャートの一例を図 (c) に示す. タイムチャートで, 特に $S=1$, $R=1$ の禁止入力から同時に $S=0$, $R=0$ とすると出力 Q, $\overline{Q}$ は不定となることに注意しよう.

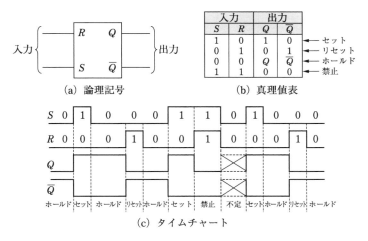

（a）論理記号　　　（b）真理値表

（c）タイムチャート

図 7·8　NOR ゲート構成 RS-FF

（3）　セット・リセット優先 RS-FF

　NAND または NOR ゲートを用いた RS-FF は入力 S, R に 0 あるいは 1 を同時に加えることは禁止されていた．このような入力を加えても正常に動作し，しかもセット・リセット状態に優先度をもたせたのが**図 7·9** に示す**セット・リセット優先 RS-FF** である．

　図（a）のセット優先 RS-FF は $S=1$ で出力 Q の 1 が決まり，R 側のゲートは閉じるので R に無関係に出力 $\overline{Q}$ は 0 で**セット状態**となる．図（b）のリセット優先も同様で，$R=1$ で出力 $\overline{Q}$ の 1 が決まり，S 側のゲートは閉じるので S に無関係に出力 Q は 0 で**リセット状態**となる．

（4）　チャタリング防止回路

　押しボタンスイッチやリミットスイッチなどの機械的スイッチを用いて 1 と 0 の論理値を得たい場合がある．ところが，接点が開閉するとき瞬間的ではあるが細かく ON-OFF を繰り返して，**図 7·10** に示すパルス状の波形が発生してしまう．この現象を**チャタリング**と呼んでいるが，このような接点

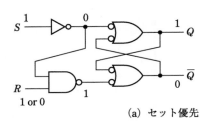

入力		出力		
S	R	Q	$\overline{Q}$	
1	1	1	0	← セット
1	0	1	0	← セット
0	1	0	1	← リセット
0	0	Q	$\overline{Q}$	← ホールド

(a) セット優先

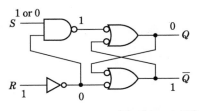

入力		出力		
S	R	Q	$\overline{Q}$	
1	1	0	1	← リセット
0	1	0	1	← リセット
1	0	1	0	← セット
0	0	Q	$\overline{Q}$	← ホールド

(b) リセット優先

図7・9　セット・リセット優先 RS-FF

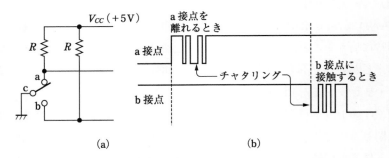

(a)   (b)

図7・10　機械的スイッチで発生するチャタリング

をディジタル回路に直接加えると誤動作を起こす要因となる．このため，チャタリングを防止する回路が必要になる．

　代表的なチャタリング防止回路は RS-FF を用いて**図7・11** (a) に示す回路で容易に実現できる．ここでは，自動復帰形接点のスイッチを用いている．

　最初 **C** (common：共通) **接点**は **NC** (Normally Close：常時閉) **接点**に接触しているので，出力 $Q = 1$，$\overline{Q} = 0$ のセット状態にある．C 接点が NC

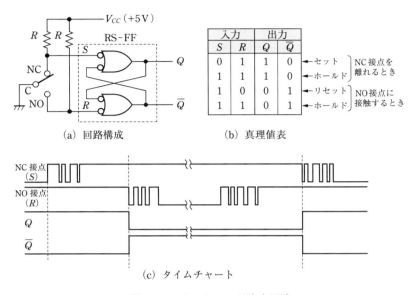

入力		出力		
S	R	Q	$\overline{Q}$	
0	1	1	0	← セット
1	1	1	0	← ホールド
1	0	0	1	← リセット
1	1	0	1	← ホールド

（a）回路構成　　　　　　　（b）真理値表

（c）タイムチャート

図 7·11　チャタリング防止回路

接点を離れる瞬間チャタリングが発生して ON-OFF を繰り返しセット入力 S が 1，0 となるが，**NO**（Normally Open：常時開）**接点**のリセット入力 R はプルアップされているから RS-FF はセット状態のままである．

　ところが，C 接点がひとたび NO 接点に接触すると出力 $Q = 0$，$\overline{Q} = 1$ のリセット状態となり，NO 接点でチャタリングが発生して ON-OFF を繰り

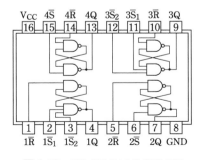

図 7·12　RS-FF 74 LS/HC 279

返しリセット入力 R が 1, 0 となるが NC 接点のセット入力 S がプルアップされているのでリセット状態のままである．C 接点が NO 接点を離れて NC 接点に復帰する場合も同様に説明することができる．

　なお，RS-FF IC に **74 LS/HC 279** があり，ピン配置を**図 7・12** に示す．

7・2　RST-FF

　RS-FF は記憶機能をもっているが，その動作はセット S とリセット R のタイミングで決まる非同期式 FF であった．これに対して，外部の**トリガ入力**に同期して動作させるようにしたのが，**RST-FF** または**同期式 RS-FF** である．論理記号と回路構成および真理値表を**図 7・13** に示す．

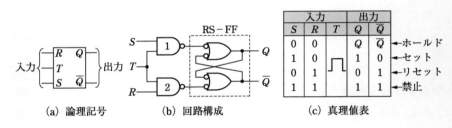

| | (a) 論理記号 | (b) 回路構成 | (c) 真理値表 |

図 7・13　RST-FF

　入力 T が 0 のとき両ゲート 1 と 2 は閉じた状態で，入力 S, R とは無関係に RS-FF の入力はともに 1 となって出力 Q, $\overline{Q}$ は**ホールド状態**にある．入力 T が 1 になると，両ゲートはインバータとして動作するから，S が 1 のとき**セット状態**，R が 1 のとき**リセット状態**として動作する．ただし，入力 S, R がともに 1 のときに入力 T を加えて 1 から 0 に戻すと出力の状態は定まらず，不定の**禁止入力**となる．RST-FF のタイムチャートの一例を**図 7・14** に示す．

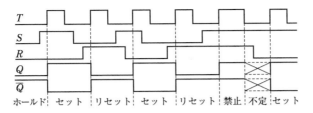

図7・14　RST-FF のタイムチャート

7・3　D ラッチと D-FF

これまでの RS-FF はセットとリセットの2入力を必要とした．**Dラッチ**または **D-FF** はデータ入力が一つで，クロック CK（ストローブ G）に同期して出力は変化するが，両者にはクロックの動作によって大きな違いがある．

（1）　D ラッチ

D ラッチはデータ入力 D とストローブ G をもち，ストローブの 1，0 によってデータを RS ラッチに記憶するか否かを決める回路である．

D ラッチの回路構成を**図 7・15**（a）に示す．ストローブ G を 1 にすると，データ記憶用の NAND ゲートはインバータに置き換えられ，図（b）のように表すことができる．したがって，入力データ D が 1 であれば出力 Q は 1，D が 0 であれば Q は 0 となるから，入力と出力は全く同様でスルー（透過）状態となる．

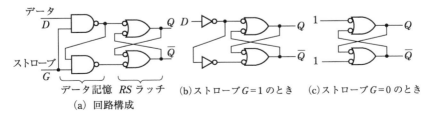

図7・15　D ラッチの動作

　次にストローブ G を 0 にすると図 (c) の回路となり，RS ラッチ回路の入力は両方とも 1 となり，この回路の出力は入力 D に無関係に変化しない．すなわち，ストローブ G が 1 から 0 に変化する直前の入力 D の状態を保持して Q に出力する．D ラッチタイムチャートの一例を**図 7·16** に示す．

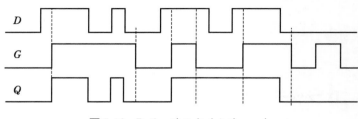

図 7·16　D ラッチのタイムチャート

(2)　D-FF

　D-FF はデータ入力 D の状態が 1 クロック遅れて出力されることから，**遅延フリップフロップ**（Delay Flip Flop）とも呼ばれている．D ラッチがストローブ G のレベルによって入力 D を記憶するのに対して，D-FF はクロックパルス CK のエッジに同期して入力 D を記憶する．

　図 7·17 に示すように CK の**立上がり**で変化する FF を**ポジティブエッジトリガ方式**，CK の**立下がり**で変化する FF を**ネガティブエッジトリガ方式**という．トリガ動作がポジティブかネガティブかを区別するため，CK の入力部分に▷印を付けてエッジ動作であることを表し，図 (b) ではネガティブの意味の○印を付けて立下がりエッジで動作することを表している．また，真理値表の CK には，ポジティブ動作に⌐または↑，ネガティブ動作に⌐または↓の記号を用いている．

　現在市販されている D-FF のデジタル IC はほとんどがポジティブエッジのトリガ動作で出力 Q を変化させているのに対して，次に述べる **JK-FF** はネガティブエッジのトリガ動作で出力 Q を変化させている．

　代表的なポジティブエッジタイプの D-FF **74 LS/HC 74** のピン配置図，真理値表，内部回路とタイムチャートを**図 7·18** に示す．

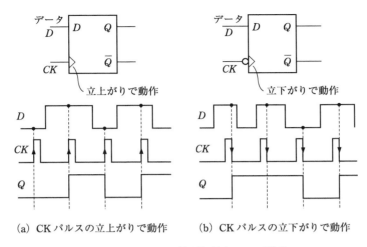

(a) CK パルスの立上がりで動作　　　(b) CK パルスの立下がりで動作

図 7·17　D-FF の論理記号とエッジ動作

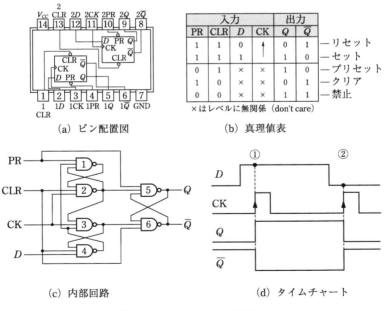

入力				出力		
PR	CLR	*D*	CK	*Q*	$\overline{Q}$	
1	1	0	↑	0	1	—リセット
1	1	1	↑	1	0	—セット
0	1	×	×	1	0	—プリセット
1	0	×	×	0	1	—クリア
0	0	×	×	1	1	—禁止

×はレベルに無関係（don't care）

(a) ピン配置図　　　　　　　　　　(b) 真理値表

(c) 内部回路　　　　　　　　　　　(d) タイムチャート

図 7·18　D-FF　74 LS/HC 74

　図 (a) のピン配置で示した **PR**（preset）と **CLR**（clear）は D と CK より
も優先度が高く，それぞれの入力にアクティブ L の○印がついているから，
PR と CLR に 0 を与えると D と CK の状態と無関係にセットやリセット状
態にすることができる．ただし，PR と CLR を同時にアクティブ状態にす
ると Q, $\overline{Q}$ はともに 1 となり，禁止されている．また，両端子を使用しない
でオープン状態にしておくと，雑音などによりプリセットまたはクリア機能
が動作することがあるから，未使用時には非アクティブの 1 にプルアップし
ておけばよい．

【例題 7・1】　図 7・18 (c) の内部回路で，PR と CLR ともに非アクティ
ブ状態 1 のとき，出力 Q がリセット状態で入力 D が 1 のとき，CK が 0
から 1 に変化したときの図 (d) ① の同期動作，同じく出力 Q がセット
状態で入力 D が 0 のとき，CK が 0 から 1 に変化したときの図 (d) ②
の同期動作を説明せよ．

【解答】
①　**入力 D が 1 のとき**：図 7・19 (a) で最初 CK が 0 のときゲート 2 と 3 は閉じてい
てそれぞれのゲート出力は 1 で，ゲート 5 と 6 の RS-FF はホールド状態にある．ま
た，ゲート 4 の出力は 0 であるから，ゲート 1 と 3 は閉じた状態にある．このとき，
CK が 0→1 に変化するとゲート 3 は閉じたままの出力 1 であるが，ゲート 2 の全入
力が 1 となるから出力は 0 となり，ゲート 5 と 6 の RS-FF は $Q=1$, $\overline{Q}=0$ のセッ
ト状態となる．この状態で CK が 1→0 に変化しても再びゲート 2 と 3 は閉じて，ゲー
ト 5 と 6 の RS-FF はホールド状態となる．
②　**入力 D が 0 のとき**：図 (b) でゲート 4 の出力は 1 で，ゲート 1 の NAND 条件
が成立してその出力が 0 となるから，ゲート 2 は閉じた状態でその出力は 1 である．
ここで，CK が 0→1 に変化するゲート 3 の NAND 条件が成立してその出力は 0 とな
り，ゲート 5 と 6 の RS-FF はリセット状態となる．この状態で CK が 1→0 に変化
しても再びゲート 2 と 3 は閉じてゲート 5 と 6 の RS-FF はホールド状態となる．

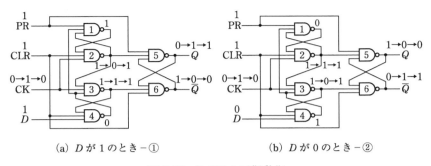

(a) *D* が 1 のとき − ①　　　　　　　(b) *D* が 0 のとき − ②

図 7·19　D-FF の同期動作

7·4　JK-FF

RST-FF では，*S* と *R* 入力が同時に 1 のとき，トリガ入力 *T* が加わって 1 から 0 に戻った後，出力の状態は定まらず不定になる欠点があった．

この欠点を除き *S* と *R* が同時に 1 のとき，*T*（クロックパルス：CK）が 加わるごとに出力が反転するようにしたのが **JK-FF** である．

JK-FF は**図 7·20** に示すように RST-FF の出力側 *Q*，$\overline{Q}$ から *S*，*R* の入 力にフィードバックループを設けている．このように接続すると，*Q* が 0 の とき *K* 入力が禁止され，$\overline{Q}$ が 0 のとき *J* 入力が禁止される．したがって，*J* と *K* が同時に 1 であっても出力側 *Q*，$\overline{Q}$ からの接続によって *S*，*R* 端子の どちらか一方が 1 となり，出力を反転させることができる．真理値表で，*J* と *K* 入力が 1 以外は RST-FF と全く同様である．

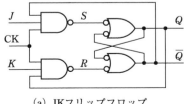

入力			出力		
J	*K*	CK	*Q*	$\overline{Q}$	
0	0		変化しない		― ホールド
0	1	⊓	0	1	― リセット
1	0		1	0	― セット
1	1		反転		― トグル

(a) **JK**フリップフロップ　　　　　　(b) 真理値表

図 7·20　JK-FF の回路構成と真理値表

　ところが $CK=1$, $J=1$, $K=1$ の状態が長く続くと，このままの回路では発振状態となってうまく動作しない．その理由は以下の通りである．

　いま $J=1$, $K=1$ で出力 $Q=1$ $(\overline{Q}=0)$ のとき，CK が $0 \rightarrow 1$ に変化すると $S=1$, $R=0$ となり，出力は $Q=0$ $(\overline{Q}=1)$ にリセットされ，ただちに CK が $1 \rightarrow 0$ に変化すればこの状態を保持する．ところが，$CK=1$, $J=1$, $K=1$ の状態が長く続くと $S=0$, $R=1$ となって，再び出力は $Q=1$ $(\overline{Q}=0)$ にセットされ，この動作を繰り返して発振状態となってしまう．

　これを避けるには，次の 2 つの方法が考えられる．

① 　クロックパルス CK の幅を充分狭くして，フリップフロップの出力が反転したとき，すでに CK が 1 から 0 になっているようにする．

② 　何らかの方法で出力 Q が変化するのを CK が 0 に戻るまで待たせておく．

　前者を**エッジ・トリガ法**，後者を**マスタ・スレーブ（MS）法**と呼んでいる．エッジ・トリガ法は D-FF のところで述べたようにポジティブエッジトリガ方式とネガティブエッジトリガ方式とがある．一般に市販されている **JK-FF の IC** としては，クロックパルスの立下がりで動作する**ネガティブエッジトリガ方式**がほとんどで種類も豊富である．

　マスタ・スレーブ形 JK-FF は，図 7・21 に示すように**マスタ（master：主人）FF** と**スレーブ（slave：奴隷）FF** の 2 つの RST-FF で構成されていて，それぞれのクロック入力には，反転したパルスが加わるようになっている．

　回路動作はクロックパルス CK が $0 \rightarrow 1$ に変化すると，Q, $\overline{Q}$ の状態に応

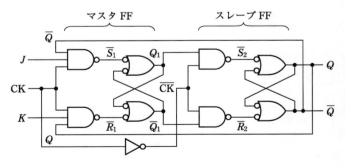

図 7・21　MS 形 JK-FF の回路構成

第8章

カウンタ

カウンタは入力されたパルスの数を数える回路で，応用範囲はきわめて広く，時計やタイマ，周波数の分周器，制御機器のタイミング信号など，ディジタルシステムの中で最もよく用いられる基本的かつ重要な回路である．カウンタの基本回路は T（Toggle）-FF で，D-FF や JK-FF を用いて構成することができる．カウンタを大別すると，計数動作が 1 ずつ増加する**アップカウンタ**と逆に 1 ずつ減少する**ダウンカウンタ**に，さらにクロックパルスの加え方によって**非同期式カウンタ**と**同期式カウンタ**に分類することができる．

8・1 非同期式 2^n 進力ウンタ

図 8・1 の T-FF はクロックパルス（以下，**CK パルス**と記す）が加えられるたびに出力 Q が 0 から 1，1 から 0 へ反転する．すなわち，CK パルスが 2

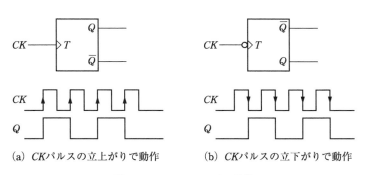

（a）*CK*パルスの立上がりで動作　　（b）*CK*パルスの立下がりで動作

図 8・1　T-FF のトグル動作

個加えられるごとに元の状態に戻る動作を繰り返すから，2 進数 1 桁の **2 進カウンタ**（binary counter）として動作することがわかる．また，2 進カウンタは 2 個のパルスで 1 個のパルスが得られるので，**1/2 分周回路**の動作をさせることができる．

　T–FF の代わりに**図 8·2**（a）に示すように JK-FF を 2 段接続すると，4 個目 CK パルスの立下がりで $Q_0 = Q_1 = 0$ となり，初期のリセット状態に戻る．図（c）は各 FF の出力を 2 進数に対応させて出力 Q_0 を下位，出力 Q_1 を上位として FF 2 個の並列出力結果の真理値表を表していて，入力される CK パルスの数を数えて 4 個目ごとに初期状態に戻る **4 進アップカウンタ**であることがわかる．一般に FF を n 段接続すると **2^n 進カウンタ**を，すなわち **3 段で 8 進，4 段で 16 進カウンタ**を構成することができる．

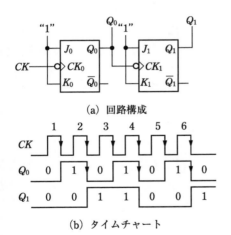

(a) 回路構成

(b) タイムチャート

クロックの数	2進表示		10進表示
	Q_1	Q_0	
0	0	0	0
1	0	1	1
2	1	0	2
3	1	1	3
4	0	0	0
5	0	1	1
6	1	0	2

(c) 真理値表

図 8·2　4 進アップカウンタ

　このように入力パルスの数が増えると出力の数値も増えるカウンタを**アップカウンタ**（up-counter），または**加算カウンタ**という．

　次に，**図 8·3**のように出力 $\overline{Q_0}$ を次段の CK パルスとして加えるとアップカウンタとは異なった動作をする．最初各段がリセット状態，すなわち $Q_0 = Q_1 = 0$，$\overline{Q_0} = \overline{Q_1} = 1$ とすると，1 個目の CK パルスで初段 FF の出力は反転して，$Q_0 = 1$，$\overline{Q_0} = 0$ となる．ところが，この $\overline{Q_0}$ の立下がりで 2 段目の

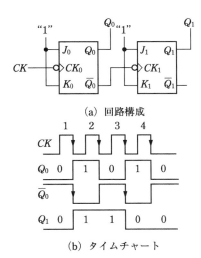

(a) 回路構成

(b) タイムチャート

クロックの数	2進表示		10進表示
	Q_1	Q_0	
0	0	0	0
1	1	1	3
2	1	0	2
3	0	1	1
4	0	0	0
5	1	1	3
6	1	0	2

(c) 真理値表

図 8・3　4進ダウンカウンタ

FF が動作して $Q_1 = 1$，$\overline{Q_1} = 0$，すなわち最初の CK パルスでまず $Q_1 Q_0 =$ $(11)_2 = (3)_{10}$ となる．以下，2個目の CK パルスで1個目の出力より1つだけ減って $Q_1 Q_0 = (10)_2 = (2)_{10}$，3個目で $Q_1 Q_0 = (01)_2 = (1)_{10}$，4個目で $Q_1 Q_0 = (00)_2 = (0)_{10}$ となって最初のリセット状態に戻る．この場合は入力される CK パルスの数が増えるごとに出力の数値が1つずつ減少する．このようなカウンタを**ダウンカウンタ**（down-counter），または**減算カウンタ**と呼んでいる．

すでに述べたように**図 8・4** の D-FF の $\overline{Q}$ 出力を D 入力に接続すると T-FF

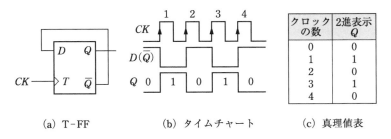

クロックの数	2進表示 Q
0	0
1	1
2	0
3	1
4	0

(a) T-FF　　　　　　　　(b) タイムチャート　　　　　　(c) 真理値表

図 8・4　D-FF を用いた2進カウンタ

となるから，CK パルス 2 個で元の状態に戻り，2 進数 1 桁の動作をする．

【例題 8·1】 D-FF を 2 段接続した**図 8·5** と**図 8·6** の回路構成で，タイムチャートを参照して動作を説明せよ．

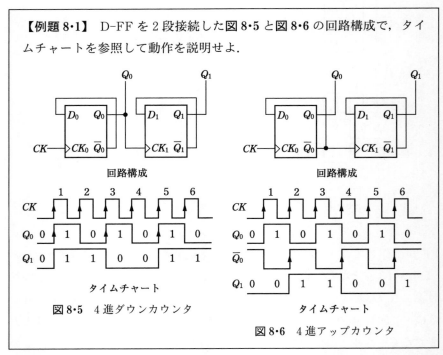

図 8·5　4 進ダウンカウンタ

図 8·6　4 進アップカウンタ

【解答】 図 8·4 のタイムチャートで示したように，出力 Q_0 を次段の CK 入力に接続した図 8·5 では，$Q_1 = Q_0 = 0$ ($\overline{Q_1} = \overline{Q_0} = 1$) の状態から最初の CK パルスで $Q_1 = Q_0 = 1$，すなわち 10 進数 3 から始まって次の CK パルスで 1 つずつ減少するダウンカウンタとなる．一方，$\overline{Q_0}$ (D) を次段の CK 入力に接続した図 8·6 では，$Q_1 = Q_0 = 0$ の状態から最初の CK パルスで $Q_1 = 0$，$Q_0 = 1$ の 10 進数 1 から 1 つずつ増加するアップカウンタとなる．したがって，出力 Q_0 を次段の CK 入力に接続した図 8·5 は 4 進ダウンカウンタ，出力 $\overline{Q_0}$ を次段の CK 入力に接続した図 8·6 は 4 進アップカウンタとなる．

図 8·7 は各段の JK-FF 間に AND と OR のゲートを設けて切換信号により 8 進のアップカウントとダウンカウントの動作を可能にしている．このようなカウンタを**アップ/ダウンカウンタ**，または**可逆カウンタ**（Reversible

から J_1 は 0 となる．この後，5 個目の CK パルスの立下がりで Q_0 は 0 から 1 に反転
するが $J_1 = 0$ であるから Q_1 はリセット状態のままである．6 個目の CK パルスは
AND と OR ゲートを通して直接 FF に加えられ立下がりで Q_2 は 1 から 0 に反転し，
同時に Q_0 は 1 から 0 に反転するが Q_1 はリセット状態のままであるから $Q_2 Q_1 Q_0 = 000$
の初期状態に戻り，7 個目の CK パルスから再びカウント動作を繰り返す．

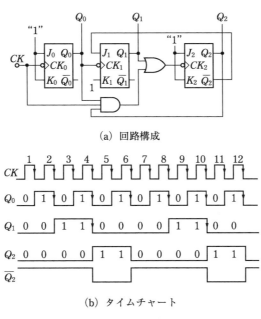

(a) 回路構成

(b) タイムチャート

図 8·16　非同期式 6 進カウンタ

8·3　同期式 2^n 進カウンタ

　同期式カウンタは同時に CK パルスを加えて全段の FF を同時に動作させ
るので，非同期式カウンタに比べて遅延時間が少なく高速動作に適している．
　4 個の JK-FF を用いた**同期式 16 進カウンタ**の回路構成とタイムチャート
を**図 8·17** に示す．J と K 端子を共通に接続し，J と K が 1 のとき出力 Q が
反転，J と K が 0 のとき出力 Q が保持されるという論理構成にすればよい．

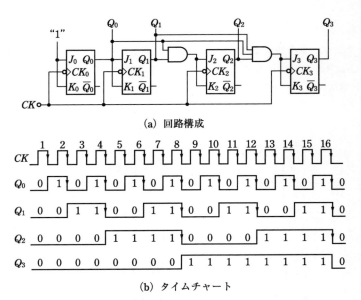

(a) 回路構成

(b) タイムチャート

図 8・17 同期式 16 進カウンタ（高速形）

　初段 Q_0 は CK パルスの入力で反転動作を繰り返し，2 段目の Q_1 は CK パルスの立下がりに同期して $Q_0 = 0$ で保持，$Q_0 = 1$ で反転動作となる．

　3 段目の Q_2 が反転動作を繰り返すのは Q_0 と Q_1 がともに 1 のときで，それ以外は保持である．したがって，Q_0 と Q_1 の AND をとって 3 段目の FF の J と K に入力すればよい．同様にして，4 段目の Q_3 が反転動作を繰り返すのは Q_0，Q_1 および Q_2 がともに 1，それ以外は保持である．したがって，Q_0，Q_1，Q_2 の AND をとって，4 段目の FF の J と K に入力すればよい．

　すなわち，前段の FF の出力 Q がすべて 1 のとき，CK パルスのネガティブエッジに同期して反転動作することがわかる．このように，同期式は CK パルスに同期して同時に動作するので動作速度が速いが，後段になるほど AND ゲートの入力数が増えて回路が複雑になる．

　そこで，AND ゲートの入力をすべて 2 入力に置き換えたのが**図 8・18** である．ところが，AND ゲートの出力が後段に次々と伝わっていくため，遅延時間が伝播するので図 8・17 の回路構成より遅くなる．このため，図 8・17

を高速形，図 8·18 を**低速形**と呼んでいる．

　なお，カウンタ出力を Q_2 までとした**図 8·19 は同期式 8 進アップカウンタ**となるが，**図 8·20** に示すように $\overline{Q}$ 端子を利用すれば，**同期式 8 進ダウンカ**

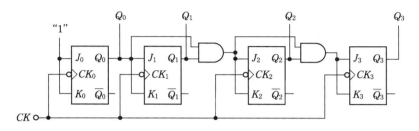

図 8·18　同期式 16 進カウンタ（低速形）

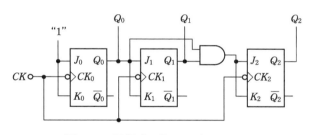

図 8·19　同期式 8 進アップカウンタ

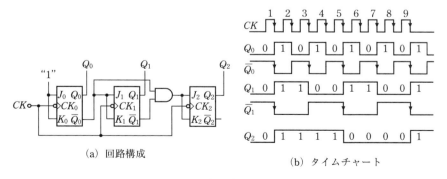

（a）回路構成　　　　　　　　　（b）タイムチャート

図 8·20　同期式 8 進ダウンカウンタ

ウンタを構成することができる.

　したがって，**図 8・21** に示すように各段の JK-FF 間に AND と OR ゲート
を設けて切換信号で**同期式 8 進アップ/ダウンの可逆カウンタ**として動作さ
せることができる．すなわち，切換信号 1 で 8 進アップカウンタ，0 で 8 進
ダウンカウンタとして動作させることができる.

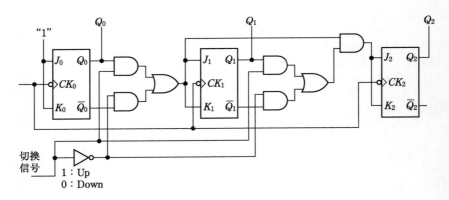

図 8・21　同期式 8 進アップ/ダウンカウンタ

8・4　同期式 N 進カウンタ

　これまでの同期式 2^n 進カウンタとは別に，実用的にはこれ以外のカウン
タも要求されることがある．例えば，時計の場合には 60 進カウンタや 24 進
カウンタ，あるいは 12 進カウンタが必要になる.

　同期式 N 進カウンタの設計法にはいろいろな方法があるが，ここでは一
般的な設計法として**状態遷移表による方法**と **$N-1$ デコード法**について述べる.

(1)　状態遷移表による方法

　この方法は，まず N 進カウンタの出力状態遷移表と J と K の入力条件を
作成して，カルノー図から J と K の論理式を求める方法である．すでに JK
-FF で学んだように，$t=n$ のときの出力を Q_n，次の $t=n+1$ における出力

を Q_{n+1} とすれば，$t=n$ のときの J と K の入力条件によって出力 Q は**表 8·1**のように変化する．表の中で"×"は"0"でも"1"でもよい．

表 8·1　J, K の入力条件と出力 Q の変化

現在の状態	次の状態	現在のときの入力状態	
Q_n	Q_{n+1}	J	K
0	0	0	×
0	1	1	×
1	0	×	1
1	1	×	0

例えば，$Q_n=0 \rightarrow Q_{n+1}=1$ のセット状態の J と K の入力条件は $J_n=1$，$K_n=1$ または 0 である．$Q_n=1 \rightarrow Q_{n+1}=0$ のリセット状態は $K_n=1$，$J_n=1$ または 0 でよい．$Q_n=0 \rightarrow Q_{n+1}=0$ は 0 を保持またはリセット状態なので，$J_n=0$，$K_n=0$ または 1，$Q_n=1 \rightarrow Q_{n+1}=1$ は 1 を保持またはセット状態なので，$J_n=0$ または 1，$K_n=0$ であればよい．

ここで，**同期式 5 進カウンタ**をこの方法で設計してみよう．表 8·1 から，5 進カウンタの出力状態遷移に対する J と K の入力条件は**表 8·2** となる．5 進カウンタの最後のカウント $N=4$ では $(100) \rightarrow (000)$ と遷移する．

表 8·2　5 進カウンタの出力状態遷移と J と K の入力条件

10進数値	現在の状態 Q_n			次の状態 Q_{n+1}			JK の入力条件					
	Q_2	Q_1	Q_0	Q_2	Q_1	Q_0	J_2	K_2	J_1	K_1	J_0	K_0
0	0	0	0	0	0	1	0	×	0	×	1	×
1	0	0	1	0	1	0	0	×	1	×	×	1
2	0	1	0	0	1	1	0	×	×	0	1	×
3	0	1	1	1	0	0	1	×	×	1	×	1
4	1	0	0	0	0	0	×	1	0	×	0	×

次に，**現在の状態 Q_n に対するカルノー図**から J_0 と K_0 の論理式を導くと，**図 8·22**（a）となる．同様にして，J_1 と K_1 は図（b），J_2 と K_2 は図（c）となる．ここで，カウント 5，6，7 は含まないので，**don't care** を意味する"**d**"で

記入してある．以上，カルノー図から簡単化した J，K の論理式は，

$$J_0 = \overline{Q_2}, \quad K_0 = 1, \quad J_1 = Q_0, \quad K_1 = Q_0, \quad J_2 = Q_1 Q_0, \quad K_2 = 1$$

となり，これより**図 8・23** の同期式 5 進カウンタの回路構成を得る．

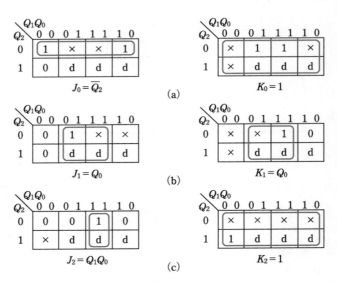

図 8・22 J と K のカルノー図

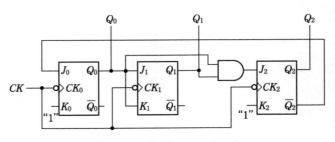

図 8・23 同期式 5 進カウンタ

【例題 8・4】 状態遷移表による方法を用いて同期式 6 進カウンタを設計せよ．

【解答】　表 8・1 から，6 進カウンタの出力状態遷移に対する J と K の入力条件は**表 8・3** となる．6 進カウンタの最後のカウント $N = 5$ では（101）→（000）と遷移する．

次に，**現在の状態 Q_n に対するカルノー図**から J_0 と K_0 の論理式を導くと，**図 8・24** (a) となる．同様にして，J_1 と K_1 は図 (b)，J_2 と K_2 は図 (c) となる．ここで，カウント 6，7 は含まないので，don't care を意味する "d" で記入してある．

以上，カルノー図から簡単化した J，K の論理式は

表 8・3　6 進カウンタの出力状態遷移と J と K の入力条件

10進数値	現在の状態 Q_n			次の状態 Q_{n+1}			JK の入力条件					
	Q_2	Q_1	Q_0	Q_2	Q_1	Q_0	J_2	K_2	J_1	K_1	J_0	K_0
0	0	0	0	0	0	1	0	×	0	×	1	×
1	0	0	1	0	1	0	0	×	1	×	×	1
2	0	1	0	0	1	1	0	×	×	0	1	×
3	0	1	1	1	0	0	1	×	×	1	×	1
4	1	0	0	1	0	1	×	0	0	×	1	×
5	1	0	1	0	0	0	×	1	0	×	×	1

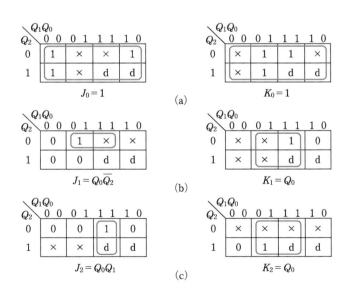

図 8・24　J と K のカルノー図

$J_0 = 1,\ K_0 = 1,\ J_1 = Q_0\overline{Q_2},\ K_1 = Q_0,\ J_2 = Q_0Q_1,\ K_2 = Q_0$

となり，これより**図 8·25** の同期式 6 進カウンタの回路構成を得る.

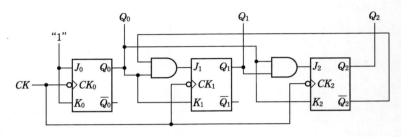

図 8·25　同期式 6 進カウンタ

すでに，5 進，6 進カウンタについて述べたが，JK-FF を用いた場合の同期式 3 進〜12 進カウンタで各段の J と K の入力条件を**表 8·4** に示す.

表 8·4　同期式 3 進〜 12 進カウンタの J と K の入力条件

進数	J_0	K_0	J_1	K_1	J_2	K_2	J_3	K_3
3	$\overline{Q_1}$	1	Q_0	1				
4	1	1	Q_0	Q_0				
5	$\overline{Q_2}$	1	Q_0	Q_0	Q_0Q_1	1		
6	1	1	$Q_0\overline{Q_2}$	Q_0	Q_0Q_1	Q_0		
7	$\overline{Q_1}+\overline{Q_2}$	1	Q_0	Q_0+Q_2	Q_0Q_1	Q_1		
8	1	1	Q_0	Q_0	Q_0Q_1	Q_0Q_1		
9	$\overline{Q_3}$	1	Q_0	Q_0	Q_0Q_1	Q_0Q_1	$Q_0Q_1Q_2$	1
10	1	1	$Q_0\overline{Q_3}$	Q_0	Q_0Q_1	Q_0Q_1	$Q_0Q_1Q_2$	Q_0
11	$\overline{Q_1}+\overline{Q_3}$	1	Q_0	Q_0+Q_3	Q_0Q_1	Q_0Q_1	$Q_0Q_1Q_2$	Q_1
12	1	1	Q_0	Q_0	$Q_0Q_1\overline{Q_3}$	Q_0Q_1	$Q_0Q_1Q_2$	Q_0Q_1

(2)　$N-1$ デコード法

$N-1$ デコード法は，2^n 進カウンタを基本回路として $N-1$ をデコード（検出）して，次の CK パルスで全段の FF の出力 Q をリセットする方法で

ある.

　2^n 進カウンタを基本構成としているから, カウント $N-1$ まで 2^n 進カウンタとしてそのまま動作させ, 次の CK パルスでリセット用の **R** や **CLR** 端子を使用しないで, 全段の FF の出力 Q を 0 となるように入力端子 J と K の前に適切なゲート回路を設けている.

　まず, **同期式 3 進カウンタ**を取り上げて**図 8・26** に示す回路構成とタイミングチャートを参照して動作を考えてみよう.

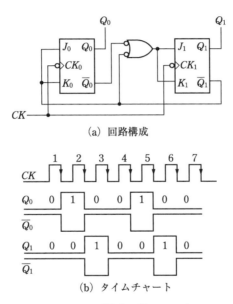

(a) 回路構成

(b) タイムチャート

図 8・26　同期式 3 進カウンタ

　最初に両 FF がリセットされていれば, $J_0 = K_0 = 1$, $J_1 = K_1 = 0$ であるから 1 個目の CK パルスで Q_0 が 0 から 1 に反転, Q_1 はリセット状態のままである. すでに初段の FF がセットされて $J_1 = K_1 = 1$ の状態にあるから 2 個目の CK パルスで Q_0 が 1 から 0 に反転, Q_1 が 0 から 1 に反転する. その結果, $J_0 = K_0 = 0$, $J_1 = K_1 = 1$ の状態で 3 個目の CK パルスが加わると Q_0 はリセット状態のまま, Q_1 は 1 から 0 に反転して $Q_1 Q_0 = 00$ の初期状態に戻り, 以後カウント動作を繰り返す.

【例題 8·5】　図 8·27 (a) は $N-1$ デコード法による**同期式 5 進カウン
タ**の回路を示している．図 (b) のタイミングチャートを参照して動作
を説明せよ．

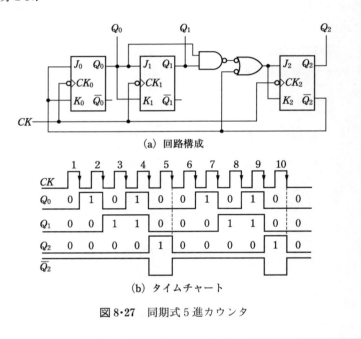

(a) 回路構成

(b) タイムチャート

図 8·27　同期式 5 進カウンタ

【解答】　最初に各 FF がリセット状態とすれば，4 個目の CK パルスが入力される
まで $J_0 = K_0 = 1$ であるから，Q_0，Q_1 および Q_2 の動作は容易に理解できる．4 個目の
CK パルスの立下がりで Q_2 が 0 から 1 に反転すると，$J_0 = K_0 = 0$ となり 5 個目の CK
パルスが加わっても Q_0 と Q_1 はリセット状態のままである．ところがゲートを介して
すでに $J_2 = K_2 = 1$ の状態にあるから，5 個目の CK パルスの立下がりで Q_2 が 1 から 0
に反転して初期状態に戻り，6 個目の CK パルスからまたカウント動作を繰り返す．

8·5　カウンタ IC

カウンタはディジタル回路の中で最もよく用いられ，多くの種類の IC が

シフトレジスタ

レジスタ（register）とは記録あるいは登録の意味で，2 進数データを一時的に書き込んで記憶したり，必要に応じて読み出す回路である．このように，レジスタ回路の基本的な機能は書込みと読出しおよび記憶内容の消去（クリア）である．レジスタは FF によって構成され，1 個の FF で 1 ビットの情報を記憶できるから，n ビットデータを記憶するレジスタは n 個の FF を用いて構成することができる．また，レジスタに記憶されたデータを左または右にシフト（移動）できる機能をもったレジスタを**シフトレジスタ**（shift register）という．

9·1　シフトレジスタの基本回路

レジスタは大別すると 2 つの方式に分類できる．一つは**図 9·1**（a）に示すように各 FF をデータ入力に対して直列に接続する方式で，**直列レジスタ**（serial register）という．さらに，このレジスタは CK パルスに同期してデータを 1 桁ずつ順次隣のレジスタへシフト（移動）させることができる．もう一つは，**図**（b）に示すように各 FF の入出力が独立していて，入力データをそれぞれの FF に並列に書き込んだり，出力データも同時に各 FF から並列に読み出すことができる方式で，**並列レジスタ**（parallel register）という．

(1)　直列入力形シフトレジスタ

データを直列に入力する直列入力形の基本回路を用いて，その動作原理を考える．**図 9·2**（a）は，4 個の D-FF を用いた 4 ビットの**直列入力形シフト**

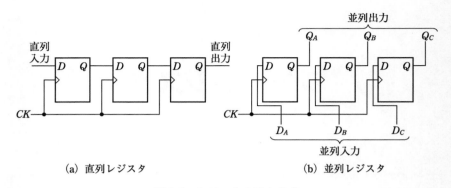

（a）直列レジスタ　　　　　　　　　　　（b）並列レジスタ

図 9・1　レジスタの基本方式

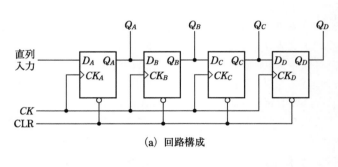

（a）回路構成

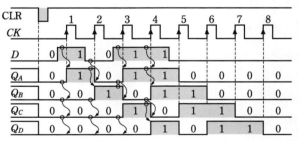

（b）タイムチャート

図 9・2　直列入力形 4 ビットシフトレジスタ

レジスタの回路構成である．このレジスタにデータ $D = (1011)_2 = (11)_{10}$ を入力して，図（b）のタイムチャートで動作を考えよう．ただし，最初に全段の FF はリセットされていて，データは MSB の 1 から順次入力するも

のとする.

　D-FF の基本動作"**CK パルスが立ち上がる直前の入力 D の値を Q に出力する**"から, **最初の CK パルス(シフトパルス)で**, 入力データ D の MSB 1 が Q_A に書き込まれて $Q_A = 1$, その他の FF 出力は 0 のままで, 並列出力は $Q_D Q_C Q_B Q_A = 0001$ となる. 次の入力データ $D = 0$ で**2 個目の CK パルス**が加わると, $Q_A = 0$, Q_B には CK パルスが加わる直前の $Q_A = 1$ が書き込まれて $Q_B = 1$, Q_C と Q_D は 0 のままで $Q_D Q_C Q_B Q_A = 0010$ となる. ここで, 最初の CK パルスで Q_A に書き込まれた 1 が 2 個目の CK パルスで Q_B へシフトされたことに注意しよう.

　3 個目の CK パルスが加わると, 初段の入力データ $D = 1$ で $Q_A = 1$ となるが, Q_B は CK パルスが立ち上がる直前の $Q_A = 0$ の出力が書き込まれて $Q_B = 0$, Q_C は $Q_B = 1$ が書き込まれて $Q_C = 1$, $Q_D = 0$ で並列出力は $Q_D Q_C Q_B Q_A = 0101$ となる. **4 個目の CK パルス**が加わると, 初段の入力データ $D = 1$ で $Q_A = 1$, Q_B も直前の $Q_A = 1$ の出力が書き込まれて $Q_B = 1$, 同様に $Q_C = 0$, $Q_D = 1$ に変化して, この時点で並列出力は $Q_D Q_C Q_B Q_A = 1011$ となる. すなわち, 4 個目の CK パルスで, 直列に入力された 4 ビットデータは全桁数書き込まれ, その結果並列出力が各 FF に現れる. もしこの状態でデータを一時的に記憶したければ, 5 個目以降の CK パルスを加えなければよい. したがって, 図 9・2 (a) のレジスタは**直列−並列変換**の機能をもっていることがわかる.

　5 個目以降の CK パルスを加えたときの出力 Q_D に注目すると, CK パルス 4 で 1 となった Q_D は CK パルス 5 で 0, CK パルス 6 と 7 で 1 となり, 4 個目から 7 個目までの CK パルスで Q_D から 1011 の値が出力されたことになる. そして, 記憶データは 8 個目の CK パルスで完全にクリアされる. このように, Q_D から直列データを読み出すためには, 4 個目から 7 個目まで 4 個の CK パルスが必要であることがわかる.

　JK-FF は入力 J と K が同じ値でなければ, CK パルスの立下がりで J, K の値がそのまま出力 Q と $\overline{Q}$ に出力される. したがって, 図 9・3 (a) に示すように初段の J と K の間にインバータを接続すれば D-FF と同じ動作をす

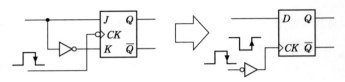

(a) JK-FF を用いた D-FF 回路

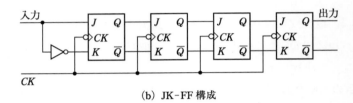

(b) JK-FF 構成

図 9·3　JK-FF 構成の 4 ビットシフトレジスタ

るから，4 ビットシフトレジスタを図 (b) のように構成してもよい．

　このように，一度書き込まれたデータが CK パルスに同期して 1 ビットず
つ順次各 FF 間を移動することがシフトレジスタの基本動作で，この場合の
ようにデータが次々と右方向に移動する場合を**右シフトレジスタ**，逆に左へ
移動する場合を**左シフトレジスタ**と呼んでいる．

(2)　並列入力形シフトレジスタ

　データをビット数だけの CK パルスを加えて順次入力する直列入力形シフ
トレジスタとは異なって，**並列入力形シフトレジスタ**の特徴はデータの全桁
数を一度に入力することができる．また，これを並列データとして出力した
り，直列データに変換する機能をもっている．データを並列に入力する手段
はいろいろあるが，**図 9·4** (a) はプリセット（**PR**）とクリア（**CLR**）端子を
もった 4 個の JK-FF で構成された並列入力形 4 ビットシフトレジスタの基
本回路を示している．また，図 (b) にその動作例のタイムチャートを示す．

　まず初段の J_A 入力を "**0**" に保持して，クリア信号によって各 FF をリセ
ットする．次にタイムチャートで示すように，ある時刻でデータが各入力端
子に並列にセットされ，$D_D D_C D_B D_A = 1010$ とする．

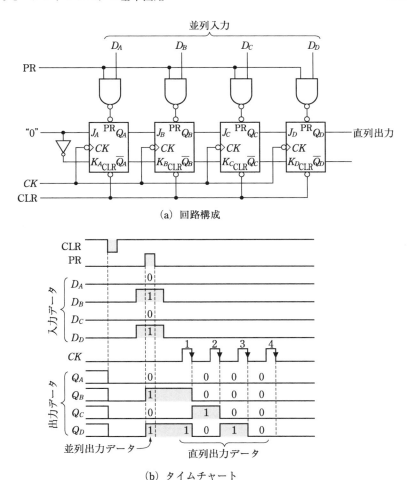

（a）回路構成

（b）タイムチャート

図 9・4　並列入力形 4 ビットシフトレジスタ

　この状態で，プリセット信号（**PR** = 1）を加えると，D_A と D_C に接続され
た NAND ゲート出力は 1 となるから Q_A と Q_C はリセット状態のまま，D_B
と D_D に接続された NAND ゲート出力は 0 で Q_B と Q_D はセット状態となる．
すなわち，最初のプリセット信号でレジスタに D = 1010 のデータが書き込
まれて，並列出力は $Q_D Q_C Q_B Q_A$ = 1010 となる．

　ここで，**1 個目の CK パルス**の立下がりで初段の出力 Q_A は 0 のまま，す

でにセットされた $Q_B = 1$ は $Q_A = J_B = 0$ を受けて $Q_B = 0$ へ反転する．また，リセット状態の Q_C は CK パルスが加わる直前の $Q_B = J_C = 1$ の状態を受けて $Q_C = 1$ へ反転する．そして，プリセット信号で $Q_D = 1$ の出力は，Q_B の場合と同様に反転して $Q_D = 0$ となる．したがって，並列出力は 1 桁右シフトして $Q_D Q_C Q_B Q_A = 0100$ となる．**2 個目の CK パルスのネガティブエッジで Q_A** と Q_B の出力は 0 のまま，Q_C は $Q_B = J_C = 0$ を受けて $Q_C = 0$ へ反転する．一方 Q_D はその直前の入力 $Q_C = J_D = 1$ により $Q_3 = 1$ に反転し，並列出力は $Q_D Q_C Q_B Q_A = 1000$ となる．

3 個目の CK パルスでは，その直前の Q_A，Q_B，Q_C の各入力 J が 0 であるから全 FF はリセットされ，レジスタの内容は $Q_D Q_C Q_B Q_A = 0000$ となる．

以上の動作で出力 Q_D に着目すると，プリセット信号で並列に書き込まれたデータ $D = 1010$ は，PR 信号も含めて **4 個の CK パルスによって直列デー**タとなって順次出力されるから，図 9•4 は **並列–直列変換**の機能をもつことがわかる．

以上のことから，4 通りのシフトレジスタの入出力形式を**図 9•5** に示す．

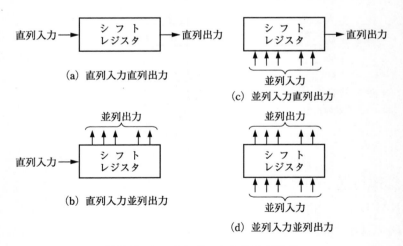

図 9•5　シフトレジスタの入出力形式

9・2　可逆シフトレジスタ

これまでのシフトレジスタの動作は，左から右にシフトする右シフトレジスタであった．左シフトレジスタにするには右シフトレジスタの FF をすべて逆向きにすればよい．すなわち，**図9・6** に示すように接続すれば右側 FF から左側 FF にデータがシフトする左シフトレジスタとして動作させることができる．

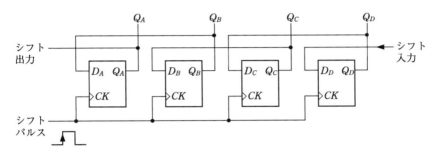

図9・6　4 ビット左シフトレジスタ

シフト動作を左右いずれの方向にも切換可能な機能をもたせた回路が**可逆シフトレジスタ**という．図9・2 (a) の右シフトレジスタと図9・6 の左シフトレジスタから，**図9・7** (a) に示すように D-FF の入力 D への接続を右シフ

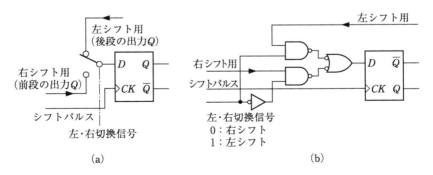

図9・7　右シフトと左シフト切換回路

ト用と左シフト用に切り換えればよい．そのための切換ゲートを図 (b) の
ように構成すれば，切換信号 **0** で右シフト用，**1** で左シフト用を *D* 入力へ接
続することができる．

　図 9・8 は **4 ビット可逆シフトレジスタ**を示していて，切換信号が 0 で左シ
フト用 NAND ゲート（上側）が閉じ，右シフト用の NAND ゲート（下側）
が開くので右シフトレジスタとして動作する．切換信号が 1 では **0** の場合と
すべてが逆の状態になるので，左シフトレジスタとして動作する．

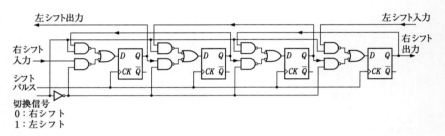

図 9・8　4 ビット可逆シフトレジスタ

9・3　シフトレジスタ用 IC

（1）　74 LS 164

　8 ビットデータの**直列入力並列出力形シフトレジスタ　74 LS 164** のピン配
置と内部回路およびタイムチャートの一例を**図 9・9** に示す．内部回路は
RST–FF 8 段で構成されていて，アクティブ L の非同期クリア入力により
全 FF を 0 にすることができる．直列入力には *A* と *B* が用意されていて，
タイムチャートでは *A* を直列データ入力，*B* をデータ入力の制御信号とし
て用いている．すなわち，制御信号が **0** で直列データの入力を禁止し，**1** で
直列データの入力が可能となる．なお，シフトは CK パルスの立上がりで行
われる．

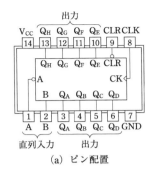

(a) ピン配置

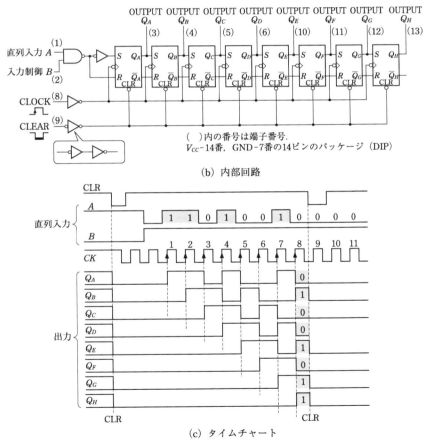

(b) 内部回路

(c) タイムチャート

図 9·9 直列入力並列出力形シフトレジスタ SN 74 LS 164

(2)　74 LS 165

8 ビットデータの**並列入力直列出力形シフトレジスタ　74 LS 165** のピン配置と内部回路図およびタイムチャートの一例を**図 9·10** に示す.

　セットしたいデータを並列入力端子 $A \sim H$ に加えて，SHIFT/LOAD を 0 にすると，NAND ゲート I（上側），II（下側）が開き，並列データが 1 であれば PR＝**0**，CLR＝**1** となってプリセットが働き出力 Q は 1，逆に並列データが 0 であれば PR＝1，CLR＝0 でクリアが働いて出力 Q は 0 となり，各段の FF に並列データがセットされる.

　一方，SHIFT/LOAD が **0** のとき AND ゲート III，IV が閉じて CK パルスの入力を禁止してシフト動作は行われない. 次に SHIFT/LOAD を **1** にすると NAND ゲート I，II が閉じて PR と CLR の動作は禁止され，CK パルスが各段の FF に加わって右シフト動作が行われる. このとき CLOCK INHIBIT を **1** にすると各 FF の CK 入力端子は常に 0 となり，シフト動作は行われない. すなわち，シフト動作をさせる場合は CLOCK INHIBIT 端子を **0** にしておく必要がある.

(3)　74 LS 194

　直列・並列入力と直列・並列出力が可能で，かつ左右両方向のシフトも可能な 4 ビットの**双方向性ユニバーサルシフトレジスタ**（bidirectional-universal shift register）**74 LS 194** のピン配置と内部回路を**図 9·11** に示す.

　モードコントロール端子 S_0，S_1 の値を設定して，以下の動作をさせることができる.

① 　$S_0＝1$，$S_1＝1$ のとき：AND ゲート 2，6，10，14 が開き，それ以外の AND ゲートが閉じて，設定したパラレル入力のデータが各 FF の出力にセットされる.

② 　$S_0＝1$，$S_1＝0$ のとき：AND ゲート 1，5，9，13 が開き，右シフトシリアル入力データが CK パルスに同期して右シフト動作される.

③ 　$S_0＝0$，$S_1＝1$ のとき：AND ゲート 3，7，11，15 が開き，左シフトシリアル入力データが CK パルスに同期して左シフト動作される.

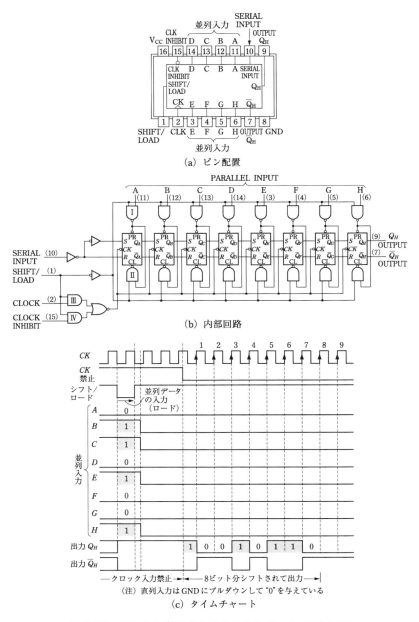

(a) ピン配置

(b) 内部回路

(c) タイムチャート

図 9・10 並列入力直列出力形シフトレジスタ　74 LS 165

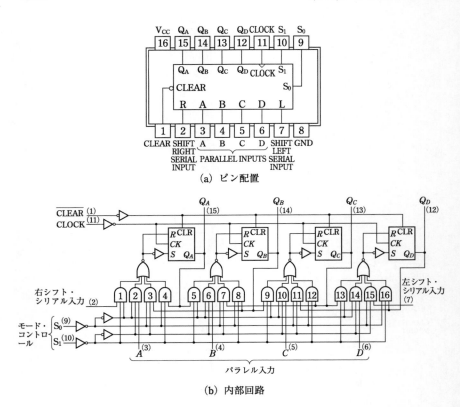

(a) ピン配置

(b) 内部回路

図 9·11　74 LS 194（双方向性ユニバーサルシフトレジスタ）の動作

④　$S_0 = 0$, $S_1 = 0$ のとき：AND ゲート 4, 8, 12, 16 が開き, 各 FF の出力は CK パルスに無関係に変化しない.

各 FF 出力のクリアはクリア入力を 0 とすればよい.

9·4　シフトカウンタ

シフトレジスタ最終段の出力 Q を初段の入力に加えると, ある一定のパターンが繰り返し現れる. このパターンをカウント数に対応させるとカウンタとして利用できる. このようなカウンタを**シフトカウンタ**（shift counter）といい，**リングカウンタ**（ring counter）と**ジョンソンカウンタ**（Johnson counter）の 2 種類がある．

（1） リングカウンタ

D-FF を 4 個用いた 4 ビットシフトレジスタの最終段の出力 Q_3 を初段の D_0 に帰還したリングカウンタの回路構成を**図 9·12**（a）に示す．

いま，図（a）の回路構成では初期化によって初段にのみプリセット，後段はすべてクリアが働くので，$Q_0 = 1$ で他の出力は 0，すなわち $Q_0 Q_1 Q_2 Q_3 =$

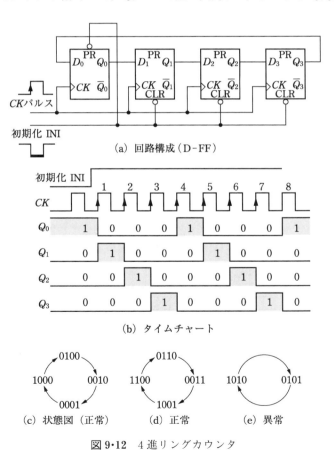

（a）回路構成（D-FF）

（b）タイムチャート

（c）状態図（正常）　　（d）正常　　（e）異常

図 9·12　4 進リングカウンタ

1000 となる．すると，図 (b) のタイムチャートで示すように，CK パルス
の立上がりのたびに $Q_0 = 1$ の 1 は 1 段ずつ右シフトするから，入力の CK
パルスの数を表示することができる．そして，図 (c) の**状態図** (state dia-
gram) に示されるように，この回路は 4 個の CK パルスで 4 つの状態がリ
ング状に回り，この動作を繰り返すから**4進カウンタ**と考えることができる．
ただし，入力された CK パルスの個数とリングカウンタ出力の 2 進コードと
は対応していない．

　このようにリングカウンタは初期化が必要で，$Q_0Q_1Q_2Q_3 = 1100$ としても
$1100 \rightarrow 0110 \rightarrow 0011 \rightarrow 1001$ と変化して 4 個の CK パルスで元の状態に戻る．
ところが初期化を $Q_0Q_1Q_2Q_3 = 1010$ とすると，$1010 \rightarrow 0101 \rightarrow 1010$ と変化
して 2 つの状態しか作れない．この状態を**異常シーケンス**というが，図 (c)
と図 (d) は正常なシーケンスといえる．

　あらかじめ初段を自動的に 1 に設定する回路を**図 9・13** に示す．最初に全
段の FF をクリアして各出力を 0 とすれば NOR ゲート出力は 1 となるから，
初段の入力 $D_0 = 1$ で，最初の CK パルスで $Q_0Q_1Q_2Q_3 = 1000$ とすることが
できる．

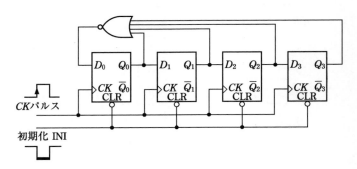

図 9・13　自己修正形リングカウンタ

このような回路を**自己修正形（自己スタート形）**と呼んでいる．

　図 9・14 (a) に示すように 4 段の JK-FF 回路で最終段の Q, $\overline{Q}$ をそれぞれ
初段の J, K に戻してやると，**4進リングカウンタ**を構成することができる．

　初期化によって出力 $Q_0Q_1Q_2Q_3 = 1000$ と初期設定され，CK パルスの立下

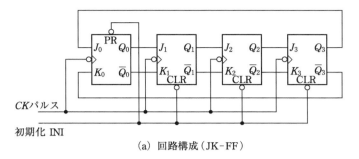

(a) 回路構成（JK-FF）

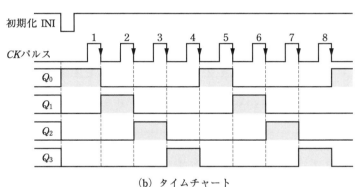

(b) タイムチャート

図 9·14 4 進リングカウンタ

がりのたびに $Q_0 = 1$ の 1 は 1 段ずつ右シフトして，4 CK パルスで 1000 の初期状態に戻り，4 進カウンタとして動作する．

(2) ジョンソンカウンタ

リングカウンタと同様な回路構成で，最終段の出力 Q を反転，あるいは出力 $\overline{Q}$ をそのまま初段の D 入力へ帰還するカウンタを**ジョンソンカウンタ**という．

4 個の D-FF を用いたジョンソンカウンタの回路構成とタイムチャートを**図 9·15** に示す．図 (b) のタイムチャートから明らかなように，4 段のジョンソンカウンタは 8 個の状態を数える 8 進カウンタと考えられるからリングカウンタに比べて 2 倍のカウンタとなることを示している．一般に，n 段の

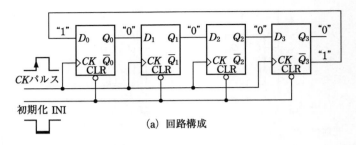

(a) 回路構成

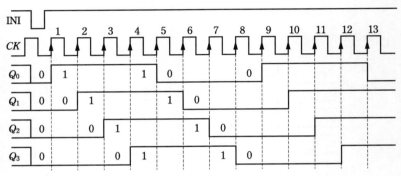

(b) タイムチャート

カウント	FF の出力				ゲート条件
	Q_0	Q_1	Q_2	Q_3	
0	0	0	0	0	$\overline{Q_0}\,\overline{Q_3}$
1	1	0	0	0	$Q_0\,\overline{Q_1}$
2	1	1	0	0	$Q_1\,\overline{Q_2}$
3	1	1	1	0	$Q_2\,\overline{Q_3}$
4	1	1	1	1	$Q_0\,Q_3$
5	0	1	1	1	$\overline{Q_0}\,Q_1$
6	0	0	1	1	$\overline{Q_1}\,Q_2$
7	0	0	0	1	$\overline{Q_2}\,Q_3$

(c) 8 進ジョンソンカウンタのデコード条件

図 9・15　8 進ジョンソンカウンタ

ジョンソンカウンタは $2n$ 個の異なった数を表示することができる.

図 (b) のジョンソンカウンタ出力から 8 進カウンタとして利用するには 8

つの異なる計数値のデコーダが必要になるが，図 (c) からループで囲まれた
2 つの FF 出力のみを考えれば，すべて 2 入力 AND ゲートですむことがわ
かる．そのためには，**図 9・16** に示すよう FF 出力に AND ゲートを接続す
ればよい．

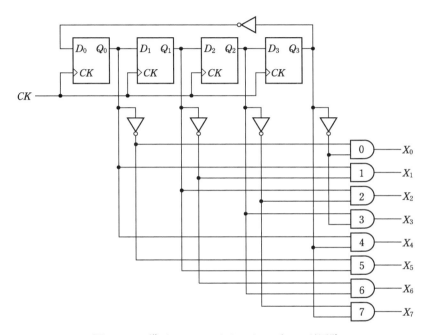

図 9・16　8 進ジョンソンカウンタのデコード回路

4 段 JK–FF を用いたジョンソンカウンタの回路構成を**図 9・17** (a) に示す．
シフトレジスタの最終段の出力 Q_3，$\overline{Q_3}$ を初段の K と J にねじって（ツイス
ト）接続すればよい．このため，**ツイストカウンタ**とも呼ばれている．

　初期化によりすべての FF はクリアされて 0，初段の FF は $J = 1$，$K = 0$
でセット状態にあるから，最初の CK パルスで $Q_0 = 1$ となる．したがって，
2 個目の CK パルスで $Q_1 = 1$ となるがこの状態は $Q_3 = 0$，$\overline{Q_3} = 1$ の間続き，
CK パルスの入力ごとに 1 が入り続け，4 個目の CK パルスで全 FF が 1 に
なる．このとき $Q_3 = 1$，$\overline{Q_3} = 0$ となって初段の FF は $J = 0$，$K = 1$ のリセ

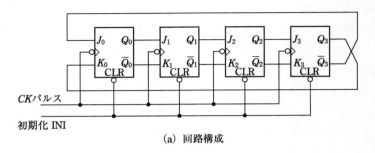

(a) 回路構成

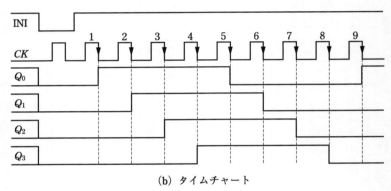

(b) タイムチャート

図9·17　4段JK-FF 8進ジョンソンカウンタ

ット状態となり，今度は逆に 8 個目の CK パルスまで **0** が入り続け，以下同様の動作を繰り返す．

第 9 章　演 習 問 題

【9.1】 図問 9.1 の直列入力形 4 ビットシフトレジスタのタイムチャートを示せ．

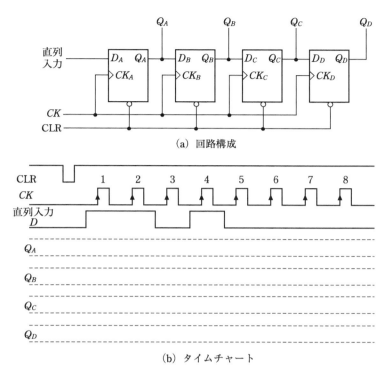

(a) 回路構成

(b) タイムチャート

図問 9.1　直列入力形 4 ビットシフトレジスタ

【9.2】図問 9.2 の並列入力形 4 ビットシフトレジスタのタイムチャートを示せ.

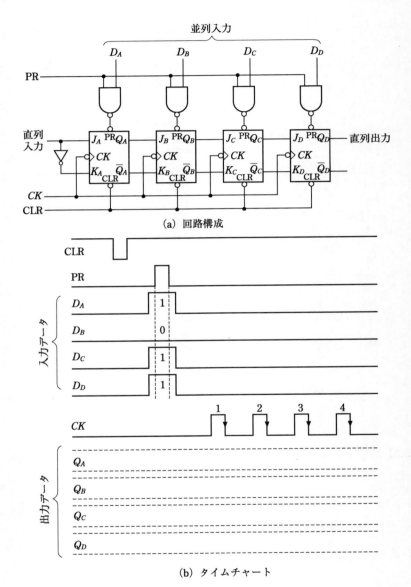

(a) 回路構成

(b) タイムチャート

図問 9.2　並列入力形 4 ビットシフトレジスタ

【9.3】図問 9.3 は自己修正形の 4 進リングカウンタを示している．タイムチャートを示せ．

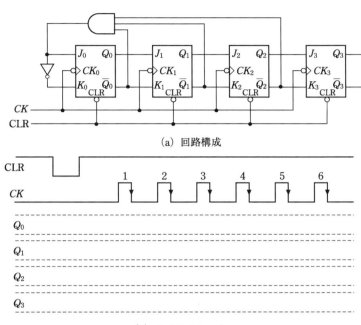

(a) 回路構成

(b) タイムチャート

図問 9.3　自己修正形 4 進リングカウンタ

IC メモリ

メモリとは書き込んだデータを保持したり，いつでも呼び出すことができる記憶素子である．記憶の最小単位は**メモリセル**と呼ばれ，1 ビットの 0 か 1 の 2 値を記憶できる素子である．このメモリセルをいくつも配置したのが IC **メモリ**で，**RAM**（random access memory）と **ROM**（read only memory）に大別することができる．RAM は情報の読出しも書込みも自由にできるが，電源が切れるとデータは消えてしまう．一方 ROM はプログラムデータなどの読出し専用で書込みはできないが，電源を切ってもデータは保持される．

10·1 IC メモリの種類と記憶容量

プログラムや大量のデータを 1 または 0 の電気信号で記憶するための回路素子が IC メモリである．1 ビットの情報を記憶するメモリセルは通常 FET で構成され，このメモリセルを 2 次元的に大量に配置し，各セルに番地（アドレス）を付けて任意の番地を指定して利用している．

メモリにデータを記憶させることを**書込み**（write），記憶されているデータをメモリから取り出すことを**読出し**（read）といい，メモリに対して書込みや読出しをすることを，**アクセス**（access）するという．

IC メモリは，その電気的な特性や構造などの相違から**図 10·1** に示すように分類している．任意の番地を指定してそのメモリ内容を読出し/書込みが自由にできる IC メモリが **RAM**（ランダム・アクセス・メモリ）で，メモリ内容を読み出すことしかできない IC メモリが **ROM**（リード・オンリ・メモ

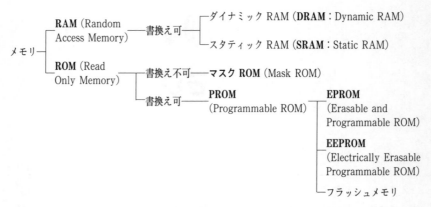

図 10·1　IC メモリの種類

リ）である．

　IC メモリの記憶容量は，アドレスの数を**ワード数 W**，一度に読込み/書込みするデータ数を 1 ワード当たりの**ビット数 B** として，**W ワード×B ビット**または積の **WB ビットメモリ**として表現している．

　例えば 8,192 ワード×8 ビットで表現されたメモリは，1 ワードが 8 ビットで 8,192 ワードのメモリ容量があり，データの入出力は 8 ビット単位で行われることを意味している．このようなメモリは 64 K ビットの記憶容量でもあり，64 K ビットメモリといってもワード構成によって 8,192 ワード×8 ビット，16,384 ワード×4 ビット，65,536 ワード×1 ビットなどの IC メモリがある．

10·2　RAM

　RAM は，その素子構造によって**スタティック RAM（SRAM）**と**ダイナミック RAM（DRAM）**の 2 種類に大別される．SRAM はメモリセルが FF またはインバータで構成されていて，電源を切ったり書込みをしない限り，そのメモリ内容を保持し続ける．

　一方，DRAM はメモリ素子の本体に FET とアース間の微量な静電容量

を利用しているので，電荷の自由放電によってメモリ内容が消滅しないように，何らかの方法で読出し・再書込みのサイクルを数 ms ごとに行う必要がある．

(1) SRAM

図 10·2 は SRAM のメモリセルの基本構成を示していて，図 (a) は **MOS-FET** Q_1，Q_2 で **FF** を，図 (c) は Q_1，Q_2 および Q_3，Q_4 でそれぞれ **C-MOS インバータ**を構成していて，図 (b) と図 (d) はそれぞれの等価回路を示している．

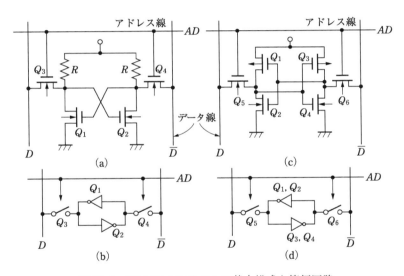

図 10·2　SRAM メモリセルの基本構成と等価回路

アドレス線を 1 にすると，図 (a) の Q_3，Q_4，図 (c) の Q_5，Q_6 が ON になり，データ線 D または $\overline{D}$ のどちら側からでもデータの読出しと書込みができるようになる．読出しはアドレス線を 1 にしておいて，そのときのデータ線 D と $\overline{D}$ の電圧を比較して，D の電圧が高ければ 1，その逆であれば 0 としている．書込みは図 (a) で Q_2 のドレインが 1，Q_1 のドレインが 0 として Q_4 が ON 状態でデータ線 $\overline{D}$ を強制的に 0 にすれば，Q_2 のドレインが 0，し

たがって Q_1 は OFF となってドレインは 1 に反転する.

　　データを保持しておきたいときは，アドレス線を 0 として Q_3, Q_4 を OFF
状態にして Q_1, Q_2 の FF とデータ線 D, $\overline{D}$ を切り離しておく.

　　次に，多数のメモリセルの中から特定の一個に，データをどのようにして
読出しと書込みを行っているか考えよう.

　　図 10・3 は 1 ワードが 1 ビットでアドレスが 0 〜 2047（$2^{11} = 2048$）の
SRAM メモリの内部構造を示している. アドレスデコーダは A_0 〜 A_{10} のア
ドレス入力端子に与えたメモリアドレスに従って，0 〜 2047 のうちの一個

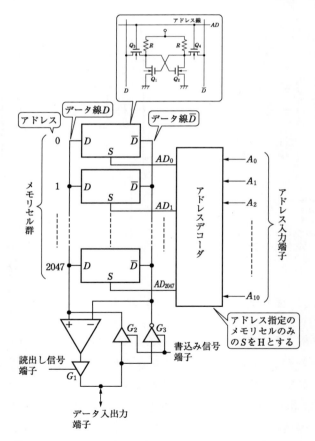

図 10・3　2048 ワード×1 ビット SRAM メモリの内部構造

のメモリセルが選択される．例えば，$A_{10} \sim A_0$ に 00000000101 を与えれば5番地メモリセルの S 端子のみが 1 となりアクセスされる．

第 11 章で述べる三角形状の**比較器**は，読出し時に選択されたセルの D と $\overline{D}$ の出力電圧を比較して，どちらが高いかによってデータ入出力端子に 1 または 0 を出力する働きをしている．したがって，アドレスを与えておいて読出し信号端子をアクティブ H（1）にすると，スリーステートバッファ G_1 を通して，そのアドレスのデータがデータ端子に現れる．また，アドレスを指定しておいて書き込みたいデータ 0，または 1 をデータ端子に与えておいて，書込み端子をアクティブ H にすると，G_2，G_3 を通してデータ線 D と $\overline{D}$ に互いに反転した 0，1 の電圧が与えられ，選択されたメモリセルにデータが書き込まれる．また，読出し/書込み信号ともにアクティブでないときは G_1 および G_2，G_3 は OFF となり，フローティングのハイインピーダンス状態となって読出しも書込みもできなくなる．

図 10・3 で 1 ワードを 8 ビット，アドレスを 0 〜 2047 のままにした SRAM メモリの内部構造を**図 10・4** に示す．図（a）はメモリからデータの読出し動作を，図（b）はメモリへのデータの書込み動作を示していて，制御信号入力端子のうち，$\overline{\text{OE}}$（Output Enable）と $\overline{\text{WE}}$（Write Enable）端子はそれぞれ読出し信号と書込み信号用の端子で，いずれもアクティブ L（0）で動作する．残りの $\overline{\text{CE}}$（Chip Enable）端子については後述する．

図（a）のメモリからデータの読出し手順は，

(1) 読出しアドレスを $A_{10} \sim A_0$ にセットする．

(2) $\overline{\text{CE}}$ 端子と $\overline{\text{OE}}$ 端子をともに 0 にして，$\overline{\text{WE}}$ 端子を 1 にすると，$A_{10} \sim A_0$ で指定されたアドレスのメモリ内容がデータ出力端子 $D_7 \sim D_0$ に現れる．

また，図（b）のメモリへのデータの書込み手順は，

(1) 書込みアドレスを $A_{10} \sim A_0$ に，書込みデータを $D_7 \sim D_0$ にセットする．

(2) $\overline{\text{CE}}$ 端子と $\overline{\text{WE}}$ 端子をともに 0 にすると，$A_{10} \sim A_0$ で指定されたアドレスに $D_7 \sim D_0$ のデータが書き込まれる．

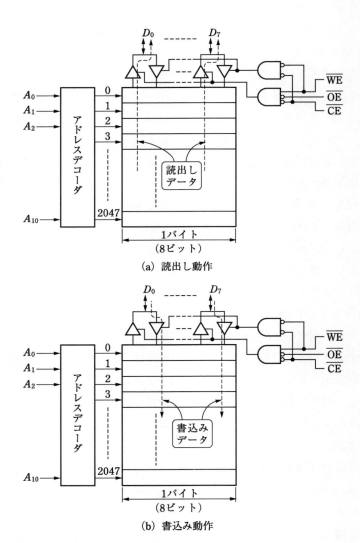

（a）読出し動作

（b）書込み動作

図 10·4　メモリの読出し動作と書込み動作

（2）　SRAM-IC

最近の SRAM メモリの集積度は増加の一途をたどり，**1 M** ビットの SRAM（131,072 ワード×8 ビット），さらにそれ以上の SRAM さえ入手可能になっている．ここでは，かなり小規模で今日入手困難ではあるが，SRAM の基本的な内容把握に重きを置くことから，16 K ビット（2,048 ワード×8 ビット）C-MOS の **SRAM-6116** を取り上げて，基本的な動作や使い方を説明する．

図 10・5 に IC 6116 の内部ブロック図とピン配置および動作表を示す．

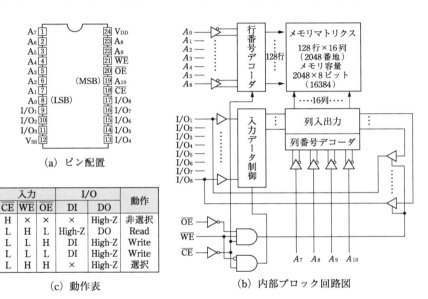

（a）ピン配置

入力			I/O		動作
$\overline{CE}$	$\overline{WE}$	$\overline{OE}$	DI	DO	
H	×	×	×	High-Z	非選択
L	H	L	High-Z	DO	Read
L	L	H	DI	High-Z	Write
L	L	L	DI	High-Z	Write
L	H	H	×	High-Z	選択

（c）動作表

（b）内部ブロック回路図

図 10・5　SRAM-6116 の内部ブロック図とピン配置および動作表

アドレスピンが A_0 から A_{10} まで 11 本あるから，0 ～ 2047 の 2048 番地まで指定できて，データの入出力ピンは I/O$_1$ ～ I/O$_8$ までの 8 ビットのデータを扱うことができる．図（b）の内部ブロック図から，アドレス入力ピン A_0 ～ A_6 の下位 7 ビットはアドレス行番号デコーダに入力され，メモリの RAM セル 128 行のうちの 1 行が選択される．残り A_7 ～ A_{10} の上位 4 ビットはアドレス列番号デコーダに入力され，16 列のうちの 1 列を選択する．

それぞれの行と列の交点には 8 ビット分のメモリセルが配置されているから，$A_0 \sim A_{10}$ で指定されたアドレスの一つの 8 ビットメモリ素子だけがアクセス状態となる．

データの書込み/読出しを制御する図 (c) の動作表で $\overline{\text{CE}}$ 端子は，書込み/読出しを許可したり禁止したりする端子で，この端子が L の状態で $\overline{\text{WE}}$ が L であれば，指定されたメモリ番地にデータが書き込まれ，$\overline{\text{WE}}$ が H で $\overline{\text{OE}}$ が L であれば，メモリ番地のデータが読み出される．

メモリ容量の増設

6116 は 2 k バイト（2,048 ワード×8 ビット）であるから，2 個の 6116 で 4 k バイト，4 個で 8 k バイトのメモリ容量に拡張することができる．

図 10・6 (a) は 6116 を 2 個用いてメモリ番地を 2 倍に増設する回路を示している．6116 の番地を 2 倍に増設するには，アドレスのビット数を 1 ビット増やして 4096 番地までアクセスできるようにすればよい．すなわち，アドレス入力は $A_0 \sim A_{11}$ までの 12 本にして，4,096 ワード×8 ビット（4 k バイト）のメモリ容量となる．

図 (a) に示すように，$A_0 \sim A_{10}$ までのアドレス入力はすべて共通に接続し，A_{11} のみはそのまま 6116① の $\overline{\text{CE}}$ 端子に，6116② にはインバータを介して $\overline{\text{CE}}$ 端子に接続する．0 ～ 2047 番地までのアドレス指定であれば，アドレス A_{11} のビットは **0** で 6116① がアクセス状態となって読み書きができる．また，2048 ～ 4095 番地を指定すれば A_{11} が 1 となり，インバータを介して 6116② の $\overline{\text{CE}}$ 端子に加わり，6116② はアクセス状態となり同様に読み書きができる．

図 (b) は A_{11} と A_{12} の 2 ビットを追加して，番地を 4 倍に増設する回路を示している．この 2 ビットのアドレス入力をデコーダ IC 74 LS 139 を用いて，4 個の 6116 のうち 1 個を選択している．A_{11} と A_{12} の 1 と 0 の組合せで選択されるメモリ IC は表の通りで，$\overline{\text{CE}}$ 端子を用いてメモリ番地を増やすことができる．

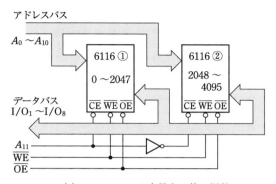

(a) 6116 のメモリ容量を2倍に増設

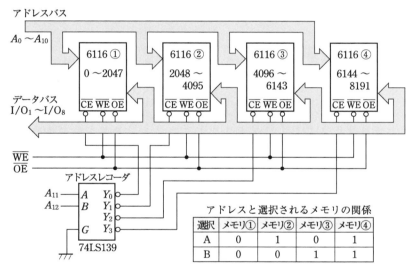

(b) 6116 のメモリ容量を4倍に増設

図 10·6 メモリ容量の増設

(3) DRAM

SRAM が FF に記憶するのに対して，DRAM は**図 10·7** (a) に示すように MOS-FET の入力容量 C に電荷を充電することで記憶を行っている．このため SRAM に比べて IC の集積度を高くしている．

図 (a) でデータを書き込む場合は，データ線に **1** または **0** の入力を乗せ

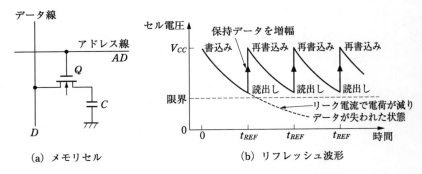

図 **10·7**　DRAM のメモリセルとリフレッシュ波形

ておいて，Q のアドレス線を 1 にすれば，Q が ON になってメモリコンデ
ンサに 1 または 0 がそのまま書き込まれ，電荷がチャージまたはディスチャー
ジされる．読出しのときは，アドレス線を 1 にするとデータ線にメモリコン
デンサのチャージ状態の 1 またはディスチャージ状態の 0 がそのまま出力さ
れる．なお，この方式では書込み・読出しに応じてデータ線を入力または出
力用に切り換えなければならない．

　いずれにしても，この DRAM の場合はメモリ内容はきわめて小容量のコ
ンデンサの電荷として蓄えられるので，そのまま放置すると自然放電によっ
てメモリ内容が消失してしまう．このため，データが消える前にメモリセル
の**リフレッシュ動作**が必要となる．このリフレッシュは行単位で行われ，一
つのアドレス線で選択されたすべてのメモリセルからデータ線に読み出され
たデータをセンスアンプで増幅してメモリセルに再書込みを行う．この動作
は図 (b) に示すように，スペックで規定された時間 (t_{REF}) 以内にすべての
行に対して行う必要がある．

　DRAM はメモリセルが非常に簡単であるから大容量のメモリを作ること
ができるが，リフレッシュを必要とすることが欠点となっている．このため，
メモリシステムを簡単にするため，これら制御回路が内蔵されたセルフリフ
レッシュ機能が標準整備されている．

　図 **10·8** に 16 K ビット（16,384 ワード×1 ビット）NMOS の **DRAM-4816**

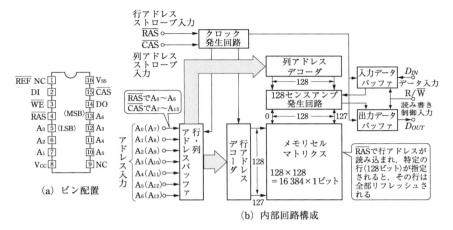

図 10・8　DRAM-4616 のピン配置と内部回路構成

のピン配置と内部ブロック図を示す．16,384 番地（＝ 2^{14}）を指定するには $A_0 \sim A_{13}$ の 14 ビットが必要であるが，IC のアドレスピン数を節約する方法としてアドレスピン $A_0 \sim A_6$ を 2 回用いて **RAS** 信号で行アドレス，**CAS** 信号で列アドレスを指定して，16,384 番地の中から特定の 1 番地だけが選択される．1 番地に 8 ビットのメモリが必要であれば，8 個の DRAM-IC を並列に接続することになる．

　まず，$A_0 \sim A_6$ 信号が行・列アドレスバッファに加えられ，同時に **RAS**（行アドレスストローブ）信号がクロック発生回路に加わると，$A_0 \sim A_6$ がデコードされて指定された 128 本の行アドレスのうちの 1 本だけが選択される．続いて $A_7 \sim A_{13}$ が行・列アドレスバッファに，**CAS**（列アドレスストローブ）信号がクロック発生回路に加わると，128 本の列アドレスのうち $A_7 \sim A_{13}$ で指定された 1 本だけが選択される．この行アドレスと列アドレスの交点により，16,384 番地の中から特定の 1 番地だけが選択され，後は SRAM と同様に，R/$\overline{\text{W}}$ ＝ 1 信号でメモリの読出し，R/$\overline{\text{W}}$ ＝ 0 信号でメモリの書込みが行われる．

　なお，**RAS** 信号によって 128 本の行アドレスのうちの 1 本だけが選択されると，その行に属するすべての 128 ビットは，センスアンプによって同時

に読出し・再書込み，すなわち**リフレッシュ**が行われる．

10・3 ROM

　読出し専用のメモリを **ROM** といい，書込みはできない．この ROM には，IC メモリを製造する段階で特定のプログラムやデータを記憶して固定してしまう**マスク ROM** と，IC メモリを製造してからメモリ内容を書き込むことができる **PROM**（Programmable ROM）とがある．この PROM はさらに，一回書き込んでしまうとその内容を変更できないタイプのものと，何回でもデータの書込みが可能なものとがある．

（1）　マスク ROM

　ROM の製造段階で写真の感光技術を利用して，配線パターン用のマスクによってメモリ内容を書き込むことから**マスク ROM** と呼ばれている．実用的には消費電力の少ない MOS-FET が用いられ，MOS-FET のゲート酸化膜の厚みを変えてしきい値電圧の大きい FET と小さい FET を作っておく．この中間しきい値の読出し電圧をゲートに加えると，ドレイン電流が流れる ON 状態のものと流れない OFF 状態のものに分かれて，メモリの記憶データを読み出すことができる．

　図 10・9（a）はゲートの酸化膜の絶縁層が薄いため，ゲートに H の電圧が加わるとドレイン-ソース間に電流の通路，すなわち**チャンネル**が形成され，ドレイン-ソース間は ON の状態となる．

　ところが，図（b）では絶縁層が厚いため，ゲートに H の電圧が加わってもチャンネルは形成されず，ドレイン-ソース間に電流は流れない．同様に，ゲートが L であっても電流は流れないから，常に OFF の状態となる．

　図 10・10 は 4 ワード×4 ビットのマスク ROM に書き込まれたデータを読み出すときの原理動作を示している．$AD_0 \sim AD_3$ はアドレス入力 A_0，A_1 によって選択されるアドレス線，$D_0 \sim D_3$ はデータが読み出されるデータ線である．

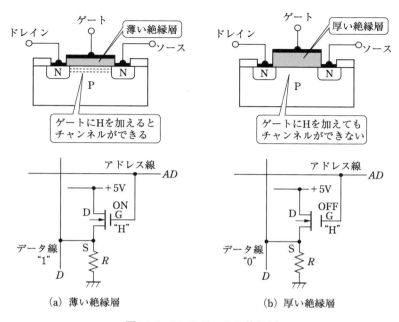

図 10・9 FET ゲートの絶縁層

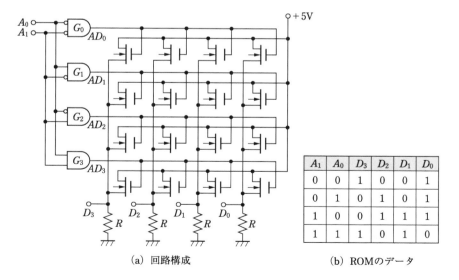

図 10・10 4 ワード×4 ビットマスク ROM

　ここで，$A_1 A_0 = 01$ とすると G_1 の出力のみが H，すなわち AD_1 が H とな
りゲートに接続されている 4 つの FET で酸化膜の厚い FET はドレイン-ソー
ス間が OFF，薄い FET はドレイン-ソースが ON となって $D_3 \sim D_0$ の内容
0101 が読み出される.

(2)　PROM

　PROM (Programmable ROM) はユーザが自分で一度だけ自由に書き込
めるが，書き込んだ後は書換えが不可能である. 代表的なものはヒューズ形
の PROM で，バイポーラトランジスタを使った PROM のメモリセルを**図
10·11** に示す.

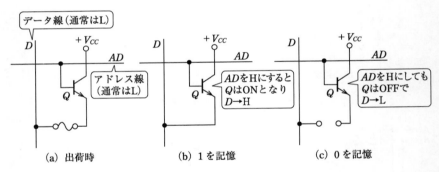

図 10·11　ヒューズ形 PROM

　ヒューズをトランジスタのエミッタ端子とデータ線の間に設けて，これを
溶断するか，否かによって 1，0 を記録する. PROM 出荷時は全ヒューズが
つながった状態なので図 (b) と等価であるから，$AD = $ H で Q が ON とな
るメモリセルは 1 が記憶されている. 一方セルに 0 を記録するには，電源電
圧 V_{CC} を通常より高くした状態で対象セルのアドレス線とデータ線を $AD = $
H で $D = $ L とすと，トランジスタに過電流が流れてヒューズが溶断されて
図 (c) と同じ回路となり，0 が記憶される. ヒューズ溶断後，V_{CC} を元の低
電圧に戻せばマスク ROM と同様に読出しができる.

　ヒューズ以外にもダイオードを挿入して，この pn 接合を破壊・短絡して

1, 0を記憶する方法もある. いずれにせよ, 回路内部を一部破壊するので復元できないから一度のみの書込みとなる. ところが, 現在では書換え可能な次の **EPROM** の普及でその役割を終えつつある.

(3) EPROM

データの消去と再書込みが可能な ROM を **EPROM**（Erasable ROM）といい, メモリセルは MOS-FET の構造とよく似ている. 異なるのは従来のゲートに新たなゲートを加えた 2 段構成になっていて, このゲートがデータの記憶に重要な役割をしている.

この EPROM には, データの消去に紫外線を使う **UV-EPROM**（Ultra-Violet ROM）と, 電圧を使う **EEPROM**（Electrical Erasable PROM）とがあり, UV-EPROM と EEPROM の書込みは共通している. 1 ビットのデータを記憶するのに 1 個の MOS-FET が用いられるが, この MOS-FET のゲート部分は**図 10·12** (a) に示すように従来のコントロールゲート（**CG**）と絶縁層に挟んで新たに**浮遊電極**（floating gate：**FG**）を加えた構造になっている. 1 ビットの **1** と **0** の記憶は図 (b), (c) に示すように FG 上に電子を閉じ込めておくか, 否かに対応させてメモリセルのしきい値電圧 V_{th} を変えてデータ 1 と 0 を記憶している.

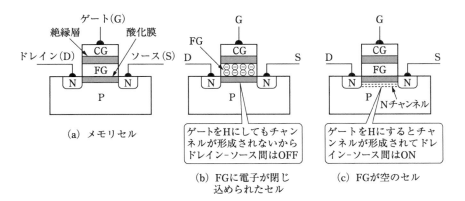

図 10·12 EPROM のメモリセル構造

　データの書込みは CG とドレインに高い電圧（12 V）を印加することで行える．初期状態で FG は空の状態で，CG に電圧を印加すると MOS-FET と同様にソースからドレインに移動する電子はドレインの高電圧によりドレイン近傍で高い運動エネルギーを得て酸化膜を通過して図 (b) に示すように FG に閉じ込まれる．閉じ込められた電子は FG が絶縁層で囲まれているので通常の状態では永久的に保持される．

　また，データの消去は FG の上から紫外線を照射することで行っている．FG に閉じ込められた電子は紫外線の光エネルギーから高い運動エネルギーを得て酸化膜を通過し，ソースや P 形基盤に放出され図 (c) の状態となる．この照射を行うと EPROM の全ビットは 1 となる．

　一方 EEPROM のデータ消去はソースに 12 V の高電圧を印加し，ゲートは GND に接地して行っている．この高電圧によってソースからゲートに電流が流れることになり，FG に蓄えられた電子は酸化膜を通過してソースや P 形基盤に放出される．すなわち，各電極間に高電圧を印加する接続を変えるだけでデータの書込みと消去の両方が行えることになる．

　FG に電子が閉じ込められたメモリセルはゲートに電圧を加えても，しきい値電圧 V_{th} が高くなりチャンネルが形成されないからドレイン-ソース間は OFF 状態で電流は流れない．FG に電子がなければチャンネルが形成され，ドレイン-ソース間は ON 状態となって電流は流れる．EEPROM のデータ 1，0 の読出し方を図 10・13 に示す．

フラッシュメモリ

　EEPROM の大容量化と書込み速度の問題を解決し，RAM に近い操作性を実現した EEPROM をフラッシュメモリ（flash memory）という．EEPROM との違いはメモリセルの構造にあり，EEPROM が 1 バイト単位で書込みと消去が行えるのに対して，フラッシュメモリでは消去を 4 K バイトまたは 8 K バイトのブロック単位で行っている．このようにブロック単位で一括消去ができるので，EEPROM に比べて大量データの書換え時間が短縮され，高速化が可能になった．また，電源を切ってもデータが保持されるのでその応用範囲は急速に広まり，主にディジタルカメラや携帯用端末

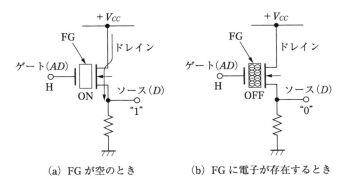

(a) FG が空のとき　　　(b) FG に電子が存在するとき

図 10・13　EEPROM メモリセルのデータの読出し

の記憶装置として広く用いられている.

第10章　演習問題

【10.1】メモリの記憶容量はどのように表現されているか.

【10.2】SRAM と DRAM の長所と欠点について述べよ.

【10.3】DRAM のメモリアクセスはどのように行われているか. またリフレッシュとはなにか.

【10.4】EPROM の種類と動作原理について説明せよ.

第11章

D/A 変換・A/D 変換回路

近年，アナログ信号を 2 進符号のディジタル信号に変換してコンピュータやディジタル電子回路に取り込み，主に 2 進数の積和演算によって処理するディジタルシステムが盛んに利用されるようになった．

このようにディジタルシステムに取り込むには，まずアナログ信号を 2 進符号のディジタル信号に変換しなければならない．このための回路が **A/D 変換器**（AD converter）で，今日すぐれた専用 IC が多数市販されている．

AD 変換とは逆に，処理された 2 進符号のディジタル信号をアナログ信号に戻す操作が **D/A 変換器**（DA converter）で行われ，同様にすぐれた専用 IC が多数市販されている．A/D 変換器の中にはその構成要素に D/A 変換器が用いられ，回路構成が比較的簡単でもあるから，はじめに D/A 変換について述べるが，両変換に欠かすことができないのが **OP アンプ**（演算増幅器）である．

11・1　OP アンプの基本応用回路

（1）　理想的な OP アンプ

代表的な OP アンプ IC のピン接続と図記号を**図 11・1** に示す．2 つの入力端子をもっていて，入力電圧と出力電圧の波形が逆相になる端子②を**反転入力端子**（－記号），同相になる端子③を**非反転入力端子**（＋記号）といい，**出力端子は⑥である**．OP アンプを動作させるためには，端子⑦と④に正負の電源が必要であるが，通常この端子の表記は省略している．

理想的な OP アンプの特徴を挙げると，

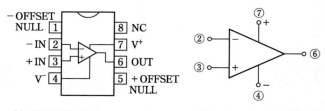

(a) 端子接続（8ピンミニDIP）　　　(b) 電源も含めた表示記号

図 11·1　OP アンプ IC のピン接続と図記号

1)　増幅度（開ループ利得）は無限大である.

2)　入力インピーダンスは無限大，出力インピーダンスはゼロである.

3)　直流から無限大の周波数まで増幅できる.

　無論このような OP アンプは存在しないが，実際の応用において OP アンプはこれらの特徴をほぼ満足しているものと考えてよい．増幅度が無限大に近いから，ごくわずかの入力電圧の変化で出力電圧は飽和するので，このままでは増幅回路として扱いにくい．このため出力電圧を逆位相にして入力側に戻して加える方法，すなわち**負帰還**をかけて使用している．負帰還をかけて増幅回路を構成すると，反転と非反転入力端子が**仮想短絡**したように扱うこができて，グラウンドに接地されている場合は，**仮想接地**（imaginary short）と呼んでいる．また，入力インピーダンスはほぼ無限大で入力端子に流れる電流は無視してよいから，回路解析が容易になる.

(2)　反転・非反転増幅回路

　図 11·2（a）は入力と出力の位相が逆になる**反転増幅回路**，図（b）は入力と出力の位相が同じになる**非反転増幅回路**である．図（a）に示した電流の方向から抵抗 R_1 と R_2 に流れる電流 I_1 と I_2 は，

$$I_1 = \frac{V_i - V_{in}}{R_1}, \quad I_2 = \frac{V_{in} - V_o}{R_2} \tag{11·1}$$

入力端子に電流は流れないから $I_1 = I_2$ が成立し，

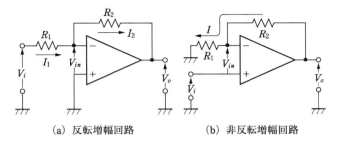

（a）反転増幅回路　　　　　　（b）非反転増幅回路

図 11·2　反転・非反転増幅回路

$$\frac{V_i - V_{in}}{R_1} = \frac{V_{in} - V_o}{R_2} \tag{11·2}$$

仮想接地 $V_{in} = 0$ より，電圧増幅度 A_v は次式のように R_1 と R_2 の比で決まる．

$$A_v = \frac{V_o}{V_i} = -\frac{R_2}{R_1} \tag{11·3}$$

ここで，マイナスは入力と出力の位相反転を意味している．

図（b）で抵抗 R_1，R_2 に流れる電流を I とすると，次式が成立する．

$$\frac{V_i + V_{in}}{R_1} = \frac{V_o - (V_i + V_{in})}{R_2} \tag{11·4}$$

仮想接地 $V_{in} = 0$ より，次式の非反転増幅回路の電圧増幅度 A_v が得られ，同様に R_1 と R_2 の比で決まることがわかる．

$$A_v = \frac{V_o}{V_i} = \frac{R_1 + R_2}{R_1} = 1 + \frac{R_2}{R_1} \tag{11·5}$$

なお，図（b）の非反転増幅回路で，$R_1 = \infty$，$R_2 = 0$ とすれば，**図 11·3 の電圧（ボルテージ）フォロワ**と呼ばれる回路が得られる．この回路の電圧増幅度は $A_v = 1$ であるが，高入力，低出力インピーダンスが実現できるので，回路間の相互干渉を低減させる**緩衝（バッファ）増幅器**として用いられる．

（3）　加算回路

図 11·4 は反転増幅回路を利用した 3 入力の**加算回路**を示している．仮想接地 $v_{in} = 0$ を考慮して，抵抗 R_1，R_2，R_3 に流れる電流はそれぞれ，

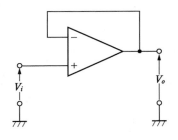

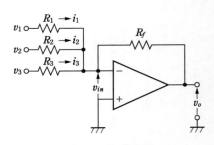

図 11·3　電圧フォロワ　　　　　　　　図 11·4　加算回路

$$i_1 = \frac{v_1}{R_1}, \; i_2 = \frac{v_2}{R_2}, \; i_3 = \frac{v_3}{R_3} \tag{11·6}$$

これらの電流はすべて抵抗 R_f に流れるから，出力電圧 v_o は次式となる．

$$v_o = -R_f(i_1+i_2+i_3) = -\frac{R_f}{R_1}v_1 - \frac{R_f}{R_2}v_2 - \frac{R_f}{R_3}v_3 \tag{11·7}$$

上式で，$R_1 = R_2 = R_3 = R_f$ とすれば，各入力電圧の加算となることがわかる．

(4)　比較回路 (コンパレータ)

　負帰還をかけずに OP アンプを用いると，2 入力の大小比較を行う回路，すなわち**比較回路** (comparator) として利用することができる．

　図 11·5 (a) の比較回路は反転入力端子に基準電圧 V_{REF} を設けて，入力電圧 V_i を非反転入力端子に加えている．図 (b) で示すように最初 V_i がゼロで出力はすでに飽和電圧 V_- の状態にあり，V_i を増加させて基準電圧 V_{REF} を超えた瞬間出力は飽和電圧 V_+ に変化して，V_i と V_{REF} の大小関係を調べることができる．なお，OP アンプの入力に電流は流れないから，基準電圧 V_{REF} は次式で決まる．

$$V_{REF} = \frac{R_1}{R_1 + R_2} V \tag{11·8}$$

　図 (c) では基準電圧 V_{REF} を非反転入力端子に設けて，入力電圧 V_i を反転入力端子に加えている．図 (d) で示すように V_i がゼロで出力は飽和電圧 V_+ の状態から，V_i を増加させて基準電圧 V_{REF} を超えた瞬間出力電圧は飽和電

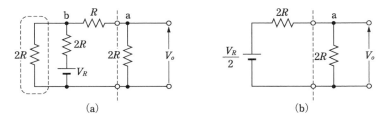

図 11・10　b 点の下の $2R$ に電圧源 V_R を接続

すことができる．さらに，a 点のすぐ左側を開放にして**テブナンの定理**を適用すると，図 (b) の回路が得られるから，出力電圧 V_o は次式となる．

$$V_o = \left(\frac{V_R}{2}\Big/4R\right) \times 2R = \frac{V_R}{4} \tag{11・15}$$

以下同様にして，c 点と d 点の $2R$ の下に別々に電圧源 V_R を挿入したとき，それぞれ $V_R/8$，$V_R/16$ の出力電圧 V_o が現れるので，$R\text{-}2R$ はしご型回路で 2 のべき乗の重みをもつ**電圧を正確に得る**ことができる．

　これまで，一ヶ所だけ $2R$ の下に電圧源 V_R を挿入したときの出力電圧 V_o を考えてきたが，複数ヶ所に挿入した場合は**重ね合わせの理**を適用して簡単に求めることができる．例えば，b 点と c 点の $2R$ の下に電圧源 V_R を挿入したとき，$V_o = V_R/4 + V_R/8$ として求めることができる．

　以上のことから，**電圧加算方式**の $R\text{-}2R$ はしご型 D/A 変換器の回路を**図 11・11** に示す．ディジタル入力 **0** の状態（$b_n = 0$）で **0** ボルト，**1** の状態（$b_n = 1$）で重み付けされた電圧が加算されて OP アンプの出力に現れる．すなわち，ディジタル入力に応じたアナログ電圧は次式で与えられる．

$$V_o = \frac{V_R}{2}b_3 + \frac{V_R}{4}b_2 + \frac{V_R}{8}b_1 + \frac{V_R}{16}b_0$$

$$= \frac{V_R}{16}(8b_3 + 4b_2 + 2b_1 + b_0) \tag{11・16}$$

　同様に $R\text{-}2R$ はしご型回路を用いて，2 のべき乗の重みをもつ**電流を正確に得る**ことができる．**図 11・12** の回路は，**$2R$ のすぐ右側から右側を見込むとどこでも抵抗はすべて $2R$，$2R$ のすぐ左側から右側を見込むとどこでも**

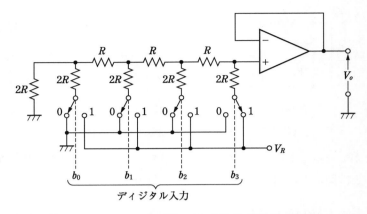

図 11・11　R-$2R$ はしご型 D/A 変換器（電圧加算方式）

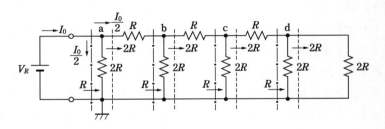

図 11・12　R-$2R$ はしご型回路に流れる電流

抵抗はすべて **R** という性質をもった回路であることがわかる．この回路に基準電圧 V_R を加えて，各 $2R$ の抵抗にどのような電流が流れるかを考えよう．

　c－d 間の R に流れる電流は $2R$ の並列回路で 2 等分されて流れ，b－c 間の R に流れる電流は c－d 間の R と c 点から $2R$ に 2 等分されて流れる．

　同様にして，a－b 間の R に流れる電流は b－c 間の R と b 点から $2R$ に 2 等分されて流れることがわかる．

　基準電圧 V_R から流れる電流を I_0 とすれば，$I_0 = V_R/R$ で，a－b 間の R に流れる電流と a 点から $2R$ に流れる電流は等しく $I_0/2$ である．したがって，b 点の $2R$ に $I_0/4$，c 点の $2R$ に $I_0/8$，d 点の $2R$ に $I_0/16$ の電流が流れることは容易にわかる．

図 11·13 に示した回路は**電流加算方式**の D/A 変換器で，ディジタル入力 **0 の状態（$b_n = 0$）**で接地，**1 の状態（$b_n = 1$）**で抵抗 $2R$ に流れる電流が加算されて抵抗 R_f に流れる．加算電流を求めるとき，OP アンプ反転入力端子の仮想接地を考慮して，$2R$ の抵抗はすべて接地されているとみなしてよい．すなわち，加算電流 I は，

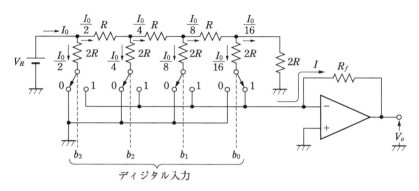

図 11·13 R-$2R$ はしご型 D/A 変換器（電流加算方式）

$$I = \frac{I_0}{2}b_3 + \frac{I_0}{4}b_2 + \frac{I_0}{8}b_1 + \frac{I_0}{16}b_0 \tag{11·17}$$

したがって，出力電圧 V_o は $R_f = R$ として次式を得る．

$$V_o = -R_f \cdot I$$

$$= -\frac{V_R}{16}(8b_3 + 4b_2 + 2b_1 + b_0) \tag{11·18}$$

11·3 A/D 変換器

（1） 標本化定理

第 1 章で連続的なアナログ信号の AD 変換は，**標本化（サンプリング）**，**量子化，符号化**という 3 つの過程を経て 2 進符号のディジタル信号に変換され，符号化におけるビット数で分解能が決まることを述べた．

ここで標本化の間隔，すなわち**サンプリング周期 T**，またはその逆数の**サン**

プリング周波数 $f_s\,(=1/T)$ をどのように決めればよいかが問題となるが，この問に答えてくれるのが**標本化定理**（sampling theorem）である．

　標本化定理とは，"あるアナログ信号が f_M〔Hz〕以上の周波数成分を含まなければ，すなわち最高周波数を f_M〔Hz〕とすれば，$2\,f_M$〔Hz〕以上のサンプリング周波数または $1/2\,f_M$〔秒〕以下のサンプリング周期 T で標本化すれば，その標本値から元のアナログ信号を完全に復元できる"ことを述べている．

　最高周波数 f_M〔Hz〕で帯域制限されたアナログ信号とサンプリングで得られたサンプル値信号の周波数スペクトル分布を比較したのが**図 11・14** である．

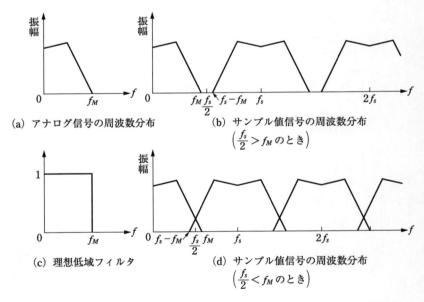

図 11・14　アナログ信号とサンプル値信号の周波数スペクトル分布

　図 (a) のアナログ信号の周波数分布に対して，サンプル値信号の周波数分布はスペクトルの大きさは異なるが，**直流から f_M までの分布は同じ形**をしていて，サンプリング周波数 f_s の整数倍の位置に，しかも左右対称に分布するという性質がある．このとき，サンプリング周波数を $f_s/2 > f_M$ に選べば図 (b) のように周波数分布は重ならないから，図 (c) の理想低域フィルタを用いて元のアナログ信号を復元することができる．ところが，標本化

定理に反して $f_s/2 < f_M$ に選ぶと，図 (d) のように周波数分布が互いに重なってしまうので低域フィルタを通してもひずみが生じてしまう．このような現象を**エイリアシング**（aliasing）と呼んでいるが，この現象を避けるには，アナログ信号をサンプリングによって標本値を得る以前に遮断周波数 $f_s/2$〔Hz〕の低域フィルタを設けて $f_s/2$ より高い周波数成分を除去すればよい．このようなフィルタを**アンチエイリアスフィルタ**という．

(2)　アナログ入力電圧と 2 進符号との対応

簡単のため，アナログ信号の電圧範囲が 0 V からフルスケール 0.8 V で，ディジタル信号を 3 ビットで符号化する場合を考える．したがって，分解能あるいは 1 量子化レベル（1 LSB）は $0.8V/2^3 = 0.1$ V で，隣接する量子化レベル間で標本値が四捨五入されるから，**量子化誤差**は ± 0.05 V となる．

3 ビットの 2 進符号（000）から（111）の 8 通りの値に対して，アナログ入力電圧の範囲を 2 進符号に対応させるとき**図 11·15** に示すように 2 通りがある．

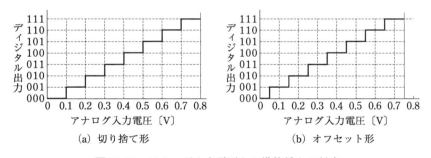

図 11·15　アナログ入力電圧と 2 進符号との対応

図 (a) の**切り捨て形**は，アナログ入力電圧 0.0 〜 0.1 V の範囲をディジタル出力 000，0.1 〜 0.2 V を 001，……，0.7 〜 0.8 V を 111 に対応させている．

これに対して，**オフセット形**は図 (b) で示すように 0.0 〜 0.05 V で 000，0.05 〜 0.15 V で 001，0.65 V を超えるとディジタル出力はすべて 111 で，0.75 V より大きい入力電圧は対応できなくなるが，切り捨て形に比べて誤差が少ないという利点がある．例えばアナログ入力 0.2±0.05 V の範囲でオフ

セット形がディジタル出力 010 に対して，切り捨て形は 0.2 V より少しでも
小さいと出力は 001 になってしまうので，オフセット形の方が誤差は少ない
といえる.

　次にいくつかの代表的な A/D 変換器を取り上げて，その基本原理と動作
につて説明する.

（3）　二重積分型 A/D 変換器

　二重積分型 A/D 変換器はアナログ入力電圧に比例した時間を計測し，そ
の時間内のクロックパルスをカウントして 2 進符号に変換する方式で，**図
11·16** に示すように積分回路，コンパレータ，クロックパルス発生回路，ゲー
ト，カウンタおよび制御回路から構成されている.

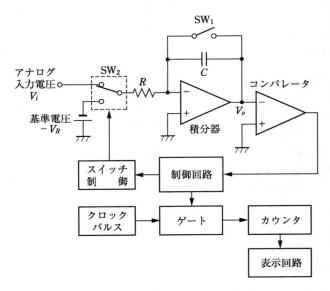

図 11·16　二重積分型 A/D 変換器

　図 11·16 と**図 11·17** に示す二重積分型 A/D 変換器の動作波形を参照しな
がら，変換過程の動作を説明することにする.

　①　最初に SW_1 を ON にして積分コンデンサの初期電荷をゼロしてから

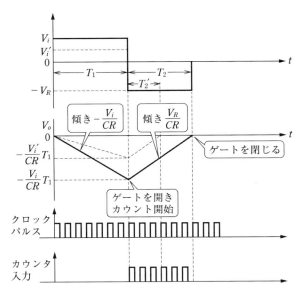

図 11・17　二重積分型 A/D 変換器の動作波形

SW₁ を OFF，同時にゲートを閉じてカウンタをリセット状態のゼロにする．

② 時刻 $t = 0$ で SW₂ を入力アナログ電圧 V_i 側に倒して一定時間積分回路に加える．入力電圧 V_i が一定であれば，積分出力 V_o は直線的に負の方向に増大して，式（11・11）より，

$$V_o = -\frac{1}{CR}\int V_i dt = -\frac{V_i}{CR} t \tag{11・19}$$

あらかじめ決められた一定時間を T_1 とすれば，このときの積分出力 V_o は次式のように入力電圧 V_i に比例した値となる．

$$V_o = -\frac{V_i}{CR} T_1 \tag{11・20}$$

③ 時刻 $t = T_1$ で SW₂ を B 側の基準電圧 $-V_R$ に切り換えると同時にゲートを開きクロックパルスをカウンタで数える．$-V_R$ が一定であるから V_o は直線的に増加し，その傾きは V_R/CR で一定である．

④　$t = T_1$ から積分出力 V_o がゼロになるまでの時間を T_2 とすれば，次式が得られ，T_2 は入力電圧 V_i に比例した値となる．

$$-\frac{V_i}{CR} T_1 + \frac{V_R}{CR} T_2 = 0 \tag{11・21}$$

⑤　したがって次式が成立する．

$$T_2 = \frac{V_i}{V_R} T_1 \tag{11・22}$$

V_o がゼロになるとコンパレータの出力が反転するからこの信号でゲートを閉じれば，T_2 間のカウンタの数値が入力電圧 V_i を表している．

二重積分型 A/D 変換器はビット数が増えると変換速度が遅くなるので，直流や低周波信号で高精度化が要求されるディジタル電圧計などに利用されている．

(4)　逐次比較型 A/D 変換器

逐次比較型 A/D 変換の動作原理は天秤と比較すると理解が容易になる．図 11・18 の天秤で，あらかじめ 16 g，8 g，4 g，2 g，1 g の分銅が用意されていて，左皿資料の重量 M_x (21 g) を未知として，どのようにして計量するかを考える．

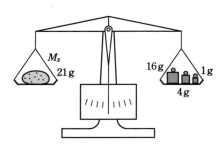

図 11・18　天秤を用いた計量

まず，16 g の分銅 M 16 を置くと M_x > M 16 なので左腕が下がる．そこで 8 g の分銅 M 8 を置くと，M_x < M 16＋M 8 となり今度は右腕が下がってしまうので M 8 を取り去り M 4 を置いてみる．すると，M_x > M 16＋M 4

となって再び左腕が下がるので，M 2 をさらに置くと，$M_x <$ M 16＋M 4＋M 2 となって右腕が下がるが，M 2 を取り去って M 1 を置くと $M_x =$ M 16＋M 4＋M 1 となり，未知の重量が 21 g であることがわかる．

　逐次比較型 A/D 変換器は，変換速度が中程度で IC の種類も多く，比較的高精度が要求される計測・制御用，オーディオ用など広く利用されている．

　A/D 変換器へのアナログ入力信号は絶えず変化していて，ディジタル信号へ変換されるまで多少の時間がかかる．このため，サンプリングで得られた標本値を変換が終了するまで保持する必要があり，このために使用される回路が**図 11·19** に示す**サンプル・ホールド回路**である．

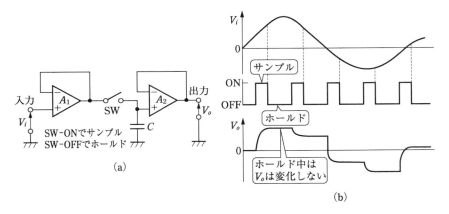

図 11·19 サンプル・ホールド回路

　サンプル時にスイッチ SW を ON にしてコンデンサ C に電荷を蓄えて入力の標本値と同じ電圧にする．ホールド時は SW を OFF にして電圧を保持し，OP アンプ A_2 を入れて C の放電を防いでいる．

　逐次比較型 A/D 変換器の内部回路を**図 11·20** (a) に示す．AD 変換中に入力電圧を保持するサンプル・ホールド回路のほかに，比較回路，**逐次比較レジスタ**（Successive Approximation Register：**SAR**），D/A 変換器（**DAC**），制御回路などから構成されている．

　動作はまず SAR の MSB のみを 1，すなわち 1/2 フルスケールにして DAC の出力 V_d とアナログ入力電圧 V_i を比較する．V_d が V_i より大きければ

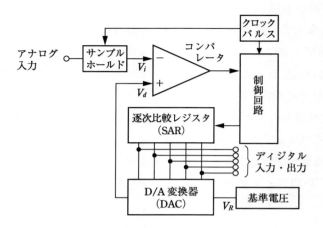

(a) A/D 変換器の内部構成

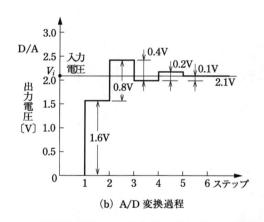

(b) A/D 変換過程

図 11·20　逐次比較型 A/D 変換器の内部構成と変換過程

MSB を 0，逆に小さければ 1 を立てたまま，次のビットを 1 にして DAC の出力 V_d と V_i を比較する．以下，同様にこの手順を LSB まで行って AD 変換を終了する．

　分解能を 5 ビットの 0.1 V ステップで $0 \le V_i < 3.2$ V の範囲で，アナログ入力電圧 V_i を 2.1 V として，図 (b) の変換過程の動作を追ってみる．

| ステップ 1 |：制御回路の信号によって SAR の MSB を 1 にセットして，

(4)

	1 の補数	2 の補数

```
      39          0100111              0100111
  − )  90      + ) 0100101          + ) 0100110
              ◯1001100 ← 1の補数表示    ◯1001101 ← 2の補数表示
          なし↓↓↓↓↓↓↓               なし↓↓↓↓↓↓↓
              0110011 ← 答（−51)₁₀       0110010
                                    + )        1
                                        0110011 ← 答（−51)₁₀
```

【2.5】

(1)
```
      23          0010  0011
  + )  15      + ) 0001  0101
                  0011  1000
                   ⏟    ⏟
                   3     8
```

(2)
```
      32          0011  0010
  + )  43      + ) 0100  0011
                  0111  0101
                   ⏟    ⏟
                   7     5
```

(3)
```
      52          0101  0010
  + )  63      + ) 0110  0011
                  1011  0101
              + ) 0110
          0001  0001  0101
           ⏟    ⏟    ⏟
           1     1     5
```

(4)
```
      78          0111  1000
  + )  69      + ) 0110  1001
                  1110  0001 ← 桁上げ
              + ) 0110  0110
          0001  0100  0111
           ⏟    ⏟    ⏟
           1     4     7
```

(5)
```
      59          0101  1001
  + )  78      + ) 0111  1000
                  1101  0001 ← 桁上げ
              + ) 0110  0110
          0001  0011  0111
           ⏟    ⏟    ⏟
           1     3     7
```

【2.6】

(1)

2進数	1	1	0	0	0	0	1	1
グレイコード	1	0	1	0	0	0	1	0

(2)

グレイコード	1	0	1	1	0	1	0	1
2進数	1	1	0	1	1	0	0	1

■ 第3章　演習問題解答

【3.1】

表答 3·1

A	B	C	BC	$A+BC$	$A+B$	$A+C$	$(A+B)(A+C)$
0	0	0	0	0	0	0	0
0	0	1	0	0	0	1	0
0	1	0	0	0	1	0	0
0	1	1	1	1	1	1	1
1	0	0	0	1	1	1	1
1	0	1	0	1	1	1	1
1	1	0	0	1	1	1	1
1	1	1	1	1	1	1	1

【3.2】

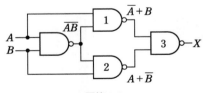

図答 3·2

ゲート1の出力は $\overline{A \cdot \overline{AB}} = \overline{A} + AB = \overline{A} + B$

同様にゲート2の出力は $\overline{B \cdot \overline{AB}} = \overline{B} + AB = A + \overline{B}$

したがってゲート3の出力は

$\therefore X = \overline{(\overline{A}+B)(A+\overline{B})} = \overline{\overline{A}+B} + \overline{A+\overline{B}}$

$\qquad\qquad = A \cdot \overline{B} + \overline{A} \cdot B = A \oplus B$

【3.3】

(1)　$X = B$

(2)　$X = \overline{A} + \overline{B}\,\overline{C}$

(3)　$X = \overline{A}\,B$

(4)　$X = A\,B$

(5)　$X = \overline{A} + \overline{B}\,\overline{C}$

【3.4】

(1)　$X = A\,\overline{B}\,C + A\,\overline{B}\,\overline{C} + A\,B\,\overline{C}$

　　　$X = (A + \overline{B} + C)(A + \overline{B} + \overline{C})(A + B + C)(A + B + \overline{C})(\overline{A} + \overline{B} + \overline{C})$

(2)　$X = A\,\overline{B}\,C + A\,\overline{B}\,\overline{C} + \overline{A}\,B\,C + \overline{A}\,B\,\overline{C} + AB\,\overline{C}$

　　　$X = (A + B + C)(A + B + \overline{C})(\overline{A} + \overline{B} + \overline{C})$

(3)　$X = A\,B\,C + A\,B\,\overline{C} + \overline{A}\,B\,C + \overline{A}\,B\,\overline{C} + \overline{A}\,\overline{B}\,\overline{C}$

　　　$X = (\overline{A} + B + C)(\overline{A} + B + \overline{C})(A + \overline{B} + C)$

(4)　$X = A\,\overline{B}\,C + A\,B\,C + \overline{A}\,B\,C$

　　　$X = (A + B + C)(A + \overline{B} + C)(\overline{A} + B + C)(\overline{A} + \overline{B} + C)(A + B + \overline{C})$

【3.5】

(1)　$X = \overline{A}\,B\,C + A\,B\,\overline{C} + A\,B\,C$

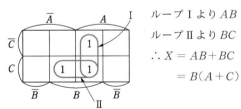

ループⅠより AB

ループⅡより BC

∴ $X = AB + BC$

　　　$= B(A + C)$

(2)　$X = \overline{A}\,\overline{B}\,\overline{C} + \overline{A}\,\overline{B}\,C + A\,\overline{B}\,C + A\,\overline{B}\,\overline{C}$

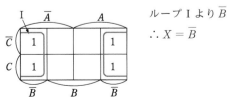

ループⅠより $\overline{B}$

∴ $X = \overline{B}$

(3)　$X = A\overline{B}C + \overline{A}BC + \overline{A}\,\overline{B}C + \overline{A}\,\overline{B}\,\overline{C} + A\overline{B}\,\overline{C}$

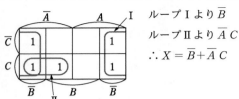

ループ I より $\overline{B}$

ループ II より $\overline{A}\,C$

$\therefore X = \overline{B} + \overline{A}\,C$

(4)　$X = \overline{B}\,\overline{C}\,\overline{D} + \overline{A}\,B\,\overline{C}\,\overline{D} + A\,B\,\overline{C}\,\overline{D} + \overline{A}\,\overline{B}\,C\,D + A\,\overline{B}\,C\,D + \overline{A}\,\overline{B}\,C\,\overline{D}$
${}_{③}\phantom{\overline{B}\,\overline{C}\,\overline{D}}{}_{④}{}_{⑤}{}_{⑥}{}_{⑦}$
$ + \overline{A}\,B\,C\,\overline{D} + A\,B\,C\,\overline{D} + A\,\overline{B}\,C\,\overline{D}$
${}_{⑧}{}_{⑨}{}_{⑩}$

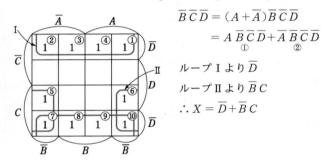

$\overline{B}\,\overline{C}\,\overline{D} = (A + \overline{A})\overline{B}\,\overline{C}\,\overline{D}$
$\phantom{\overline{B}\,\overline{C}\,\overline{D}} = A\,\overline{B}\,\overline{C}\,\overline{D} + \overline{A}\,\overline{B}\,\overline{C}\,\overline{D}$
$\phantom{\overline{B}\,\overline{C}\,\overline{D} = xxx}{}_{①}{}_{②}$

ループ I より $\overline{D}$

ループ II より $\overline{B}\,C$

$\therefore X = \overline{D} + \overline{B}\,C$

【3.6】

表答 3·6

A	B	C	X	
0	0	0	0	$\leftarrow (A+B+C)$
0	0	1	0	$\leftarrow (A+B+\overline{C})$
0	1	0	0	$\leftarrow (A+\overline{B}+C)$
0	1	1	1	$\leftarrow \overline{A}\,B\,C$
1	0	0	1	$\leftarrow A\,\overline{B}\,\overline{C}$
1	0	1	0	$\leftarrow (\overline{A}+B+\overline{C})$
1	1	0	1	$\leftarrow A\,B\,\overline{C}$
1	1	1	1	$\leftarrow A\,B\,C$

(1)　加法標準形

$\quad X = \overline{A}\,B\,C + A\,\overline{B}\,\overline{C} + A\,B\,\overline{C} + A\,B\,C$

【8.3】

D-FF の動作は CK パルスが加わったときの D 入力がそのまま Q 出力となるから，現在から次の状態の $Q_1 Q_0$ と $D_1 D_0$ の入力条件は同じと考えてよい．したがって，4 進カウンタの出力状態遷移と D の入力条件は**表答 8·3** となるから，**図答 8·3 (a)** のカルノー図より，

表答 8·3

10 進	現在の状態 Q_n		次の状態 Q_{n+1}		D の入力条件	
数 値	Q_1	Q_0	Q_1	Q_0	D_1	D_0
0	0	0	0	1	0	1
1	0	1	1	0	1	0
2	1	0	1	1	1	1
3	1	1	0	0	0	0

$$D_0 = \overline{Q_0}$$
$$D_1 = \overline{Q_0}\,Q_1 + Q_0\,\overline{Q_1} = Q_0 \oplus Q_1$$

すなわち，**図答 8·3 (b)** の回路（同期式 4 進カウンタ）を得る．

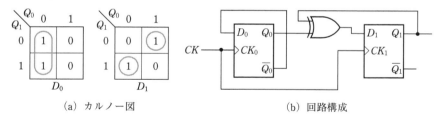

(a) カルノー図　　　　　　　　　　　　(b) 回路構成

図答 8·3　同期式 4 進カウンタ

【8.4】

7 進カウンタの出力状態遷移と J と K の入力条件を**表答 8·4** に，カルノー図を**図答 8·4 (a)** に示す．

表答 8·4

10 進	Q_n			Q_{n+1}			JK の入力条件					
数 値	Q_2	Q_1	Q_0	Q_2	Q_1	Q_0	J_2	K_2	J_1	K_1	J_0	K_0
0	0	0	0	0	0	1	0	×	0	×	1	×
1	0	0	1	0	1	0	0	×	1	×	×	1
2	0	1	0	0	1	1	0	×	×	0	1	×
3	0	1	1	1	0	0	1	×	×	1	×	1
4	1	0	0	1	0	1	×	0	0	×	1	×
5	1	0	1	1	1	0	×	0	1	×	×	1
6	1	1	0	0	0	0	×	1	×	1	0	×

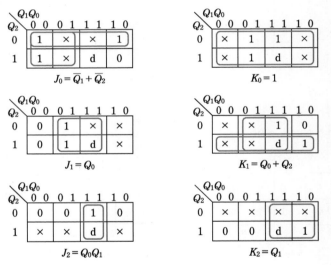

(a) カルノー図

したがって，図答 8·4（b）の回路（同期式 7 進カウンタ）を得る．

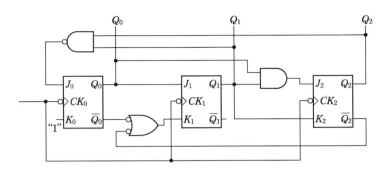

（b）回路構成

図答 8・4　同期式 7 進カウンタ

【8.5】

8 進カウンタの出力状態遷移と J と K の入力条件を**表答 8・5**に，カルノー図を**図答 8・5**（a）に示す．

表答 8・5

10 進	Q_n			Q_{n+1}			JK の入力条件					
数 値	Q_2	Q_1	Q_0	Q_2	Q_1	Q_0	J_2	K_2	J_1	K_1	J_0	K_0
0	0	0	0	0	0	1	0	×	0	×	1	×
1	0	0	1	0	1	0	0	×	1	×	×	1
2	0	1	0	0	1	1	0	×	×	0	1	×
3	0	1	1	1	0	0	1	×	×	1	×	1
4	1	0	0	1	0	1	×	0	0	×	1	×
5	1	0	1	1	1	0	×	0	1	×	×	1
6	1	1	0	1	1	1	×	0	×	0	1	×
7	1	1	1	0	0	0	×	1	×	1	×	1

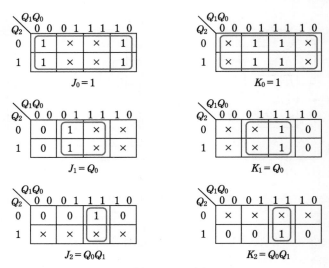

(a) カルノー図

したがって，図答 8·5 (b) の回路（同期式 8 進カウンタ）を得る．

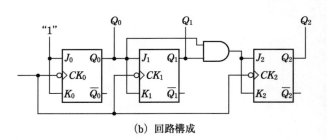

(b) 回路構成

図答 8·5　同期式 8 進カウンタ

■■ 第 9 章　演習問題解答

【9.1】

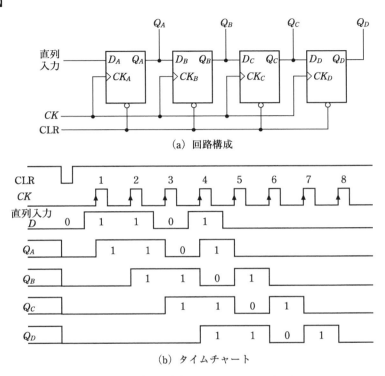

(a) 回路構成

(b) タイムチャート

図答 9・1　直列入力形 4 ビットシフトレジスタ

【9.2】

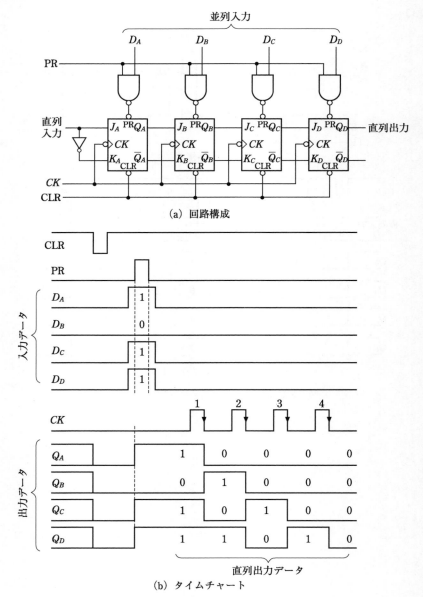

（a）回路構成

（b）タイムチャート

図答 9·2　並列入力形 4 ビットシフトレジスタ

【9.3】

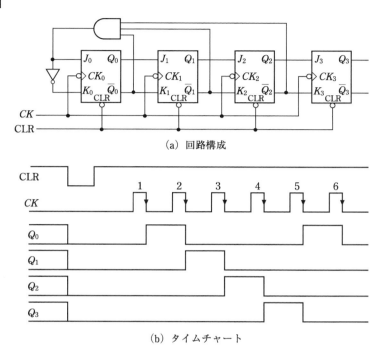

(a) 回路構成

(b) タイムチャート

図答 9·3　自己修正形 4 進リングカウンタ

■ 第 10 章　演習問題解答

【10.1】 10·1　IC メモリの種類と記憶容量参照

【10.2】 10·2 の (1) SRAM と (3) DRAM 参照

【10.3】 10·2 の (3) DRAM 参照

【10.4】 10·3 の (3) EPROM 参照

■ 第 11 章　演習問題解答

【11.1】

　　出力電圧 V_o は重ね合わせの理から求めることができる．まず $V_{i2} = 0$ として R_3 を接地すれば反転増幅器となるから出力電圧 V_{o1} は $V_i = V_{i1}$ とおいて

$$V_{o1} = -\frac{R_2}{R_1} V_{i1} \tag{1}$$

このとき，R_3 と R_4 の並列合成抵抗の影響はない．次に $V_{i1} = 0$ とすれば非反転増幅器
となり，出力電圧 V_{o2} は $V_i = R_4/(R_3 + R_4) \cdot V_{i2}$ とおいて

$$V_{o2} = \frac{R_1 + R_2}{R_1} \cdot \frac{R_4}{R_3 + R_4} V_{i2} \tag{2}$$

したがって，重ね合わせの理から入出力関係式は

$$V_o = V_{o1} + V_{o2} = \frac{R_1 + R_2}{R_1} \cdot \frac{R_4}{R_3 + R_4} V_{i2} - \frac{R_2}{R_1} V_{i1} \tag{3}$$

$R_1 = R_3$, $R_2 = R_4$ のときの上式は，次式となる．

$$V_o = \frac{R_2}{R_1} (V_{i2} - V_{i1}) \tag{4}$$

すなわち，入力電圧 V_{i1} と V_{i2} が等しければ出力はゼロ，V_{i1} と V_{i2} に差があるときのみ
R_2/R_1 倍されて出力電圧 V_o が現れる．

【11.2】

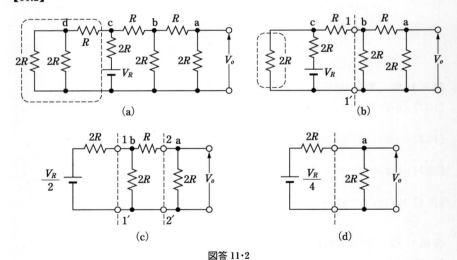

図答 11·2

図答 11·2 (a) と図 (b) は等しい．図 (b) で 1–1′ を切り離し，テブナンの定理を適

MEMO

MEMO

■ 著者紹介

大類　重範（おおるい　しげのり）

1966年　工学院大学電子工学科卒業
1975年　東京電機大学大学院修士課程修了（電気工学専攻）
　　　　工学院大学電気システム工学科准教授
著　書　離散時間の信号とシステム（啓学出版），（訳：共著）
　　　　ディジタル信号処理（オーム社）
　　　　ディジタル電子回路（オーム社）

ディジタル電子回路

2022年9月10日　　第1版第1刷発行

著　　　者　大類重範
発 行 者　村上和夫
発 行 所　株式会社　オーム社
　　　　　郵便番号　101-8460
　　　　　東京都千代田区神田錦町 3-1
　　　　　電話　03(3233)0641(代表)
　　　　　URL　https://www.ohmsha.co.jp/

© 大類重範 2022

印刷・製本　平河工業社
ISBN978-4-274-22928-2　Printed in Japan

アナログ電子回路

大類重範 著 **A5**判　並製　**308**頁　本体**2600**円【税別】

範囲が広く難しいとされているこの分野を，数式は理解を助ける程度にとどめ，多数の図解を示し，例題によって学習できるように配慮．電気・電子工学系の学生や企業の初級技術者に最適．
【主要目次】 1章　半導体の性質　2章　pn接合ダイオードとその特性　3章　トランジスタの基本回路　4章　トランジスタの電圧増幅作用　5章　トランジスタのバイアス回路　6章　トランジスタ増幅回路の等価回路　7章　電界効果トランジスタ　8章　負帰還増幅回路　9章　電力増幅回路　10章　同調増幅回路　11章　差動増幅回路とOPアンプ　12章　OPアンプの基本応用回路　13章　発振回路　14章　変調・復調回路

ディジタル信号処理

大類重範 著 **A5**判　並製　**224**頁　本体**2500**円【税別】

ディジタル信号処理は広範囲にわたる各分野のシステムを担う共通の基礎技術で，とくに電気電子系，情報系では必須科目です．本書は例題や演習を併用してわかりやすく解説しています．
【主要目次】 1章　ディジタル信号処理の概要　2章　連続時間信号とフーリエ変換　3章　連続時間システム　4章　連続時間信号の標本化　5章　離散時間信号とZ変換　6章　離散時間システム　7章　離散フーリエ変換（DFT）　8章　高速フーリエ変換（FFT）　9章　FIRディジタルフィルタの設計　10章　IIRディジタルフィルタの設計

テキストブック　電気回路

本田徳正 著 **A5**判　並製　**228**頁　本体**2200**円【税別】

初めて電気回路を学ぶ人に最適の書です．電気系以外のテキストとしても好評．直流回路編と交流回路編に分けてわかりやすく解説しています．

テキストブック　電子デバイス物性

宇佐・田中・伊比・高橋　共著 **A5**判　並製　**280**頁　本体**2500**円【税別】

電子物性的な内容と，半導体デバイスを中心とする電子デバイス的な内容で構成．超伝導，レーザ，センサなどについても言及．

図解　制御盤の設計と製作

佐藤一郎 著 **B5**判　並製　**240**頁　本体**3200**円【税別】

制御盤の製作をメインに，イラストや立体図を併用し，そのノウハウを解説しています．これから現場で学ぶ電気系技術者にとっておすすめのテキストです．
【主要目次】 1章　制御盤の役割とその構成　2章　制御盤の組立に関する決まり　3章　制御盤の加工法　4章　制御盤への器具の取付け　5章　制御盤内の配線方法　6章　制御盤内の配線の手順　7章　はんだ付け　8章　電子回路の組立と配線　9章　配線用ダクトとケーブルによる盤内配線　10章　接地の種類と接地工事　11章　シーケンス制御回路の組立の手順　12章　制御盤の組立に使用する工具